情 绪 革 命

（美）约翰·辛德莱尔 著
毛筠 译

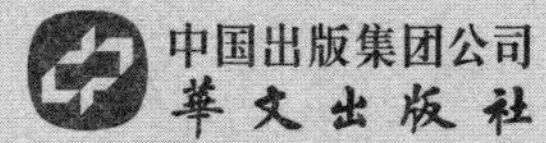

图书在版编目（CIP）数据

情绪革命 / (美) 约翰·辛德莱尔著 ; 毛筠译. -- 北京 : 华文出版社, 2019.1（2022.4重印）

ISBN 978-7-5075-5015-3

Ⅰ. ①情… Ⅱ. ①约… ②毛… Ⅲ. ①情绪–自我控制 Ⅳ. ①B842.6

中国版本图书馆CIP数据核字（2018）第265321号

情绪革命

Qíngxù Gémìng

作　　者：（美）约翰·辛德莱尔
译　　者：毛　筠
责任编辑：杨艳丽　王晓冰
出版发行：华文出版社
地　　址：北京市西城区广外大街305号8区2号楼
邮政编码：100055
网　　址：http://www.hwcbs.com.cn
电　　话：总编室010-58336210　编辑部 010-63426125
　　　　　发行部：010-58336253　58336202
经　　销：新华书店
印　　刷：北京楠萍印刷有限公司
开　　本：880 × 1230　1/32
印　　张：7.5
字　　数：180千字
版　　次：2019年1月第1版
印　　次：2022年4月第3次印刷
标准书号：978-7-5075-5015-3
定　　价：38.00元

目录

第一篇　情绪自控力决定你的健康

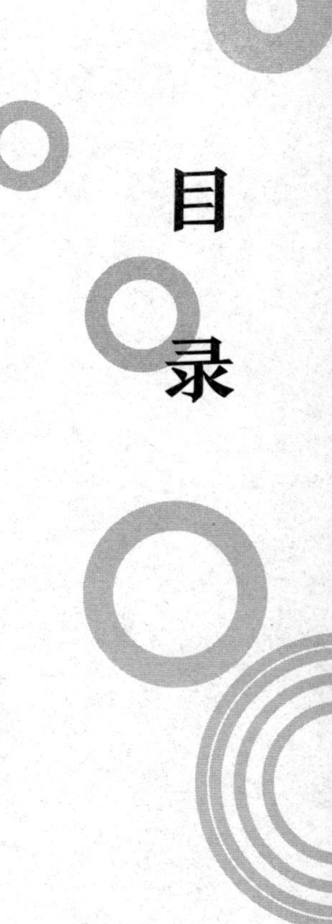

第一篇

情绪自控力决定你的健康

本章小结

人人都有六大基本心理需求。如果一个人的生活中，任何一种需求没有得到满足，那么他的生活就会不快乐、紧张和不安，而且还不明所以。这些需求是对爱、安全感、创造力表现、认可、新体验和自尊心的寻求。

如果你缺少爱——

向别人付出你的爱。

如果你缺乏安全感——

没有必要忧虑，忧虑只会使情况更糟；要树起健康的情绪旗帜。

如果你缺乏表现创造力的机会——

开始去寻找，没有什么能阻拦你。

如果你缺乏别人的认可——

先给予别人认可，你也会得到认可。

如果你缺乏新体验，新生活——

走出去，寻找新体验；时刻为新生活做好准备。

如果你丧失了自尊心——

记住：你与我同样优秀，而我们与他们也同样优秀！

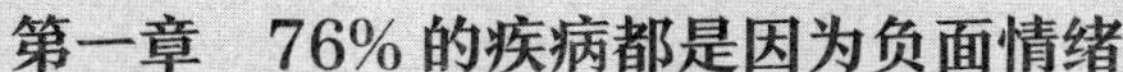

第一章　76% 的疾病都是因为负面情绪

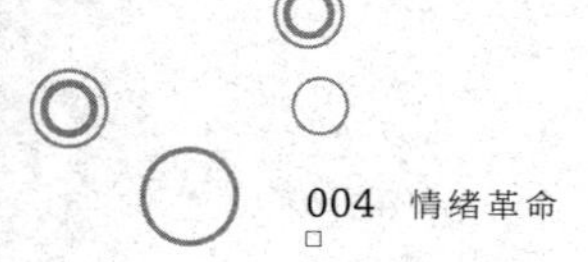

也许你很难相信这个事实，但实际上诸多的事例已经证明了这一结论的真实性。几年前，新奥尔良的奥切斯勒诊所发表了一篇论文，文章表明在500名连续接受肠胃疾病治疗的病人中，有74%的人都患有情绪性疾病。而在20世纪中叶，耶鲁大学门诊部的一篇论文也显示，到医院就诊的病人中有76%患有情绪性疾病。

医学证明，76%的疾病都是情绪病

下表列出了负面情绪能导致的几百种疾病中的一部分。每种疾病后的百分数反映了在患有这类疾病的病患中，有多少人是由负面情绪造成的。这些数据都是根据我几十年的行医经历统计出来的。

负面情绪引发的生理疾病

症　状	百分比（%）	症　状	百分比（%）
颈椎疼痛	75	头昏眼花	80
咽喉肿大	90	头　　痛	80
溃　　疡	50	便　　秘	70
胆囊胀痛	50	疲　　劳	90
胃(肠)胀气	99（44）		

从上表中，你可以看出大多数疾病都是由负面情绪引起的。

一位校长的怪病

有一位校长，他头脑冷静，适应能力也很强，看上去一点儿也不像那种会得情绪性疾病的人。然而有一天他感到头晕目眩，只有躺下才会觉得好一点。每当他试着坐起来的时候，头晕就会加重，甚至呕吐。就这样过了好多天，他的病一直不见好转。他的医生对此束手无策，无论怎样也不能让他好起来。一天，仿佛得了神助一样，他突然就痊愈了。

过了几天，他去找医生：“我从来没想过情绪会让我生病，但我非常肯定，这次生病完全是由烦恼的情绪引起的。”

“你怎么会这么说呢？”他的医生问道。

“前段时间，我的一位好朋友请我给他做贷款担保。这笔贷款数目太大，我一直很犹豫，因为我很清楚如果他还不起这笔钱，那我的房子和所有存款也就都没了。但是我不能拒绝他，因为他是我的好朋友，所以我最终还是签字做了担保。”

“过了没多久，我这个朋友就在车祸中受了重伤，在医院里住了好几个月。在这期间，他的生意也一落千丈，四处碰壁。我就是因为担心这件事才头晕目眩的。”

“但是，你怎么就确定是这个原因呢？”医生又问道。

“噢，先生，”校长接着说道，“在我卧床养病的时候，这个朋友来看望我。他告诉我说他已经到银行还清了所有贷款。从那一刻起，我就一下子康复了。第二天我就去学校上班了。”

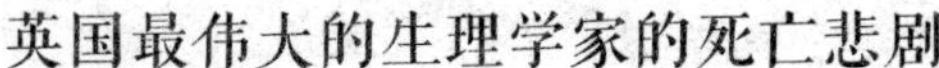

英国最伟大的生理学家的死亡悲剧

最危险的情绪莫过于愤怒。

在愤怒时人的心率会明显变快，同时，血压也会陡然升高。你也许听说过，一个怒火中烧的人会突然中风，这就是因为血压过高而造成的大脑血管爆裂。

此外，愤怒还会使人的心血管系统发生变化，产生心绞痛，甚至致命的心脏病。类似约翰·亨特的事在我们的生活中时有发生。

约翰·亨特是英国最伟大的生理学家之一。他脾气急躁，而且冠状动脉也不大好。亨特总是说第一个让他真正发疯的人会杀了他。果然，亨特应验了自己的预言。在一次医学会议上，有人激怒了亨特，导致他心肌梗死，当场死亡。

有些人为什么会一见到血就晕倒

你可能曾经见过或听说过有人一见到血就会晕倒。他并不是因为心脏太弱或是血压太高而晕倒。他晕倒的真正原因是，一见到血就产生了惧怕的情绪，而这种情绪导致他的大

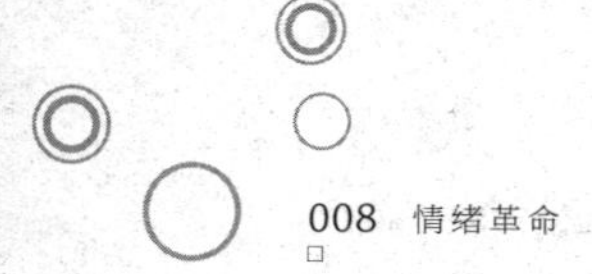

脑供血产生了变化，正是这种变化使他产生了晕厥。

还有些人一见到血就会呕吐。这并不是因为他们得了胃病，而是因为见到血使他们产生了恶心的情绪。而这种情绪的部分体现也就是引起胃部急剧收缩，从而造成了呕吐。

情绪失控会带来严重后果

有一天，早上九点的时候，我们诊所抬来了一位病人。他太虚弱了，几乎走不了路，头晕目眩，无法站立。他的心跳快到了每分钟180次。不但如此，他还在呕吐，大小便失禁。这样的状况在他入院后持续了三个月，有好几次我们都以为他活不下去了。

直到那天早上的八点以前，他还是一个非常健康、身体强壮的人。大约八点的时候，他走进妻子的卧室，发现妻子杀死了他们唯一的女儿，正准备自杀。从见到这一幕开始，他就一病不起。他没有患癌症、肺结核或是心脏病——尽管他虚弱得看起来好像同时得了这三种病。他只不过受到了强烈情绪的困扰。

我们不要忘了：我们中的任何一个人，如果遭受同样的精神打击，恐怕也会患上严重的疾病。

没有人能够对情绪性疾病产生免疫！

小的情绪郁积能导致大的疾病

大多数情绪性疾病患者都不是因为遭遇了强烈而可怕的情绪，或者一连串的大灾难。相反，大多数情绪性疾病的病因都是起源于一些看似不重要却循环反复的负面情绪，比如日复一日地焦虑、恐惧、气馁和渴望。

1949年，康奈尔大学的两位心理学家，H. S. 利德尔和A. V. 摩尔证明了我的上述观点。

两位研究人员在一只羊的一条腿上系上了一根很轻的电线，羊可以拖着电线四处走动，丝毫感觉不到电线的存在。系上电线一星期后，羊非常健康，各个方面都很正常。

接下来的这一个星期，他们开始了对羊的电击——不是那种强烈的电流冲击，仅仅会使羊腿有一点轻微的痉挛。这个星期里，利德尔博士和摩尔博士经常给羊重复这种电击，羊还是像往常一样正常地进食或运动。

然后两位研究人员用了各种不同的刺激方法给羊进行试

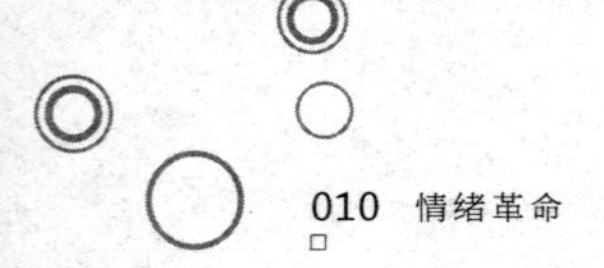

验，最后他们发现，只要在电击之外再加上另外两个因素就可以使任何一只羊都患上严重的疾病。

第一个因素就是对电击的恐惧。每次对羊进行电击前十秒的时候，就敲一次铃。电击没有加强，和以前没什么两样，但现在羊只要一听到铃响，就会停下来，然后惶恐地等待即将到来的电击。不过，仅仅这一个因素还不足以让羊生病。

第二个因素就是不断重复这种恐惧。两次铃响之间的间隔并没有多大影响，只要不断地重复铃响就行。在这种情况下，每只被用来做试验的羊都出现了生病的迹象。起先是停止进食，接着就不再和其他同伴在牧场上游荡了，然后不再行走，再过一段时间就无法站立了，最后连呼吸都觉得困难。

有趣的是，一旦停止对这种恐惧的重复，羊很快就恢复了正常。

智商越高的人越容易患情绪性疾病

很多人会认为，他们的非凡才智能对情绪性疾病产生免疫能力。事实上，当一个人更清楚地知道自己的责任，变得更加机智，更加有才干时，就更容易患情绪性疾病。

这也许是因为，在同一时间内，聪明机警的头脑能发觉十件让人担忧的事，而那些不怎么聪明的头脑只能发觉一件。也就是说，智商越高的人承担的责任也就越大，所以他们的情绪会更紧张一些。

所以，最少患有情绪性疾病的是那些农民的妻子。她们往往都有好几个孩子要照顾，要看家，同时还要干农活。她们太忙了，以至没有时间去闹情绪。

有一次，当我问一位农妇是否曾经感到过疲惫（情绪性疾病最普遍的症状）时，她回答道："咳，25年前我就告诉自己永远不要问自己这个问题了。"

本章小结

当你或是我，或是我们当中的任何一个人生病的时候，很有可能我们的病是受到了情绪的影响，或是由情绪引起的。

情绪性疾病既是一种生理疾病，也是一种心理疾病。它会产生很多症状。

第二章　负面情绪会让你罹患各种疾病

情绪大体上通过自主神经和内分泌系统对人体产生生理上的影响。神经系统中与情绪有关的那一部分叫作自主神经系统，它不受意志的控制。自主神经系统的中心部位为下丘脑，也是脑下垂体刺激反应的中心。常见的神经作用是肌肉紧张，不论是腿部、血管壁，还是胃部的肌肉紧张都会引起疼痛。

因此，情绪性肌肉紧张会引起后颈、胃、结肠、头皮、血管和骨骼肌的疼痛，会造成类似溃疡的剧痛、类似胆结石的绞痛、常见的头痛、偏头痛，让你不得不去做一大堆临床检查。另一种情绪性后果是引起皮肤疾病。很多疾病，包括皮肤病，都会由于消极情绪而恶化。

胃肠道也是情绪性疾病的一个常发地。我们通常所说的“胀气”现象事实上有时就是消化道中的情绪性肌肉痉挛。

打嗝绝大多数时候是胃部的情绪性肌肉反应。

负面情绪会导致肌肉紧张

负面情绪常常通过骨骼肌以及体内器官的肌肉紧张表现出来。如果这些让肌肉紧张的情绪持续很长时间，或者这种情绪机械性地不断重复，便会引起相关部位肌肉的疼痛。

痉挛时造成的强烈疼痛就可以很好地说明这一点。你可以试一试握紧拳头，不必要太紧，你会发现开始的时候并不感觉疼痛，但是过一会儿，握紧拳头时所造成的肌肉紧张会让你感到越来越痛。

“这事儿真让我脖子疼”

紧张情绪通常通过颈部肌肉表现出来。在笔者接触到的病例中，头后部疼痛转变成颈部疼痛的病人，有85%是由于情绪性肌肉紧张造成的。多年前就已经有人意识到了颈部疼痛的情绪根源。英语中的那句俗语“这事儿真让我头疼”（A Pain in a neck）的字面意思就是“这事儿真让我脖子

疼”，实际上这句俗语的发明权属于一位生理学家。

我们不妨来做一个试验：请在一张舒服的椅子上坐下，专心地“忧虑”某件事情，坚持一个小时。你再站起来时一定会觉得脖子僵硬，而且极有可能你会觉得脖子疼痛。（译者注：读者不必真的去做这个试验，作者不过是要说明情绪紧张与颈部疼痛的关系。）

心真的能蹦到嗓子眼吗？

另外一句俗话是这么说的，“我害怕得心都蹦到嗓子眼了”。

与颈痛比起来，更为常见的是病人抱怨嗓子里有肿块。自然，他们害怕长了瘤子。事实上，多数情况只是由于食道最上端肌肉的情绪性紧张而引起的，这种肌肉紧张让人觉得像是一个肿块。如果肌肉紧张时试图吞咽食物就有被噎住的可能，因为紧张的肌肉没有松弛下来。这样，病人就更会怀疑喉咙里长了什么东西，然后这种哽塞就变得愈发严重了。

胃是最能表现情绪的器官

胃是最能表现情绪的器官之一。如果我们的生活很美好，胃就会反映出愉快的情绪，那么我们胃口也会很好。然而，当生活不顺心的时候，我们会突然觉得完全没有食欲。如果接着又有让人开心的事，比如某位从来没听说过的叔叔留给我们一百万遗产（我的天哪！），我们马上就胃口大开！

笔者所接触的病例中，百分之五十自称有溃疡痛的病人都不是溃疡，只是胃部的情绪性肌肉疼痛而已。

我曾经有这样一个病人，是个杂货商，他的胃痛就是情绪引起的。连锁店之间的激烈竞争所带来的烦恼足够引起情绪性胃痛了，况且这个可怜的杂货商还有一大堆的麻烦事。（假如我也像他那么难缠，我早就病了。）不仅如此，他的儿子还经常惹事，惹的还不是小事。夹在他的杂货店和儿子之间，这个可怜虫的胃就只能痛个不停了。当然，偶尔会有医师说他患了溃疡，他熟识的医生又说他没患溃疡，结果他不但胃痛，而且头痛。胃痛加上惶惑不安，让他的胃痛更加严重。

后来，他终于开始相信他并没有患胃溃疡。每年他会去威斯康星州①北部钓鱼，一年两次。每当到达离他家往北

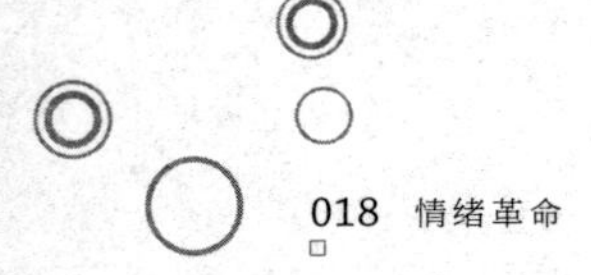

二十五英里处的贝尔维尔[2]，走在那里的街道上，他的胃就不痛了。离家在外的两周之内，他的胃都不会痛。而一旦回家看到小镇的法院塔楼，胃痛又发作了。

梅奥诊所[3]，曾经有一位很有名的医生有过相同类型的疼痛。他知道自己的疼痛是怎么回事，只要在罗切斯特与病人打交道，忙得焦头烂额，他的疼痛就一刻不得消停。但只要他上了火车，抵达威诺纳[4]，甚至火车刚刚开到横跨密西西比河的大桥中央，疼痛就消失了。火车重新驶入罗切斯特火车站，看到诊所的那一刻，疼痛又开始折磨他了。

那座桥与身体的疼痛有什么关系呢？那位医生是这样分析的：火车开到那儿就意味着离开了明尼苏达州，离开了他讨厌的地方。

我那位杂货商病人说他一直向往贝尔维尔，一直渴望住在那里，每当他到达那里的主干道，心情就好得不得了，疼痛自然也就消失了。

---

① 美国中西部的一个州。

② 美国伊利诺伊州西南部工矿城市。

③ 世界著名的医疗机构，位于美国明尼苏达州罗切斯特市。

④ 美国明尼苏达州东南部工商业城市，位于密西西比河西岸，有桥可与威斯康星州相连。

结肠是心情的镜子

同样的痛性痉挛也可以发生在胃部下方二十八英尺长的肠道内，而且最常发生在我们所说的结肠中。与其他器官相比，结肠是最能反映情绪变化的器官。多年以前，费城一位睿智的医生就说过：“结肠是心情的镜子，心情一旦紧张，结肠跟着打结”。

情绪与身体变化的关系在结肠上有着令人惊讶的表现，请诸位一定留意。在任何人身上，相同的情绪每次都会以相同的方式在身体上表现出来。比如，有个人每次焦虑时颈后的肌肉都会发紧，那么特定的情绪紧张与特定的肌肉紧张就形成了明显的对应。

对于有些人，某种情绪可能会让结肠的某一部分紧张，那么该部分结肠就总会反映那种特定的情绪。

如果这种痉挛恰巧发生在腹部上方右边部分的结肠中，会导致一种类似于胆结石的绞痛。笔者行医过程中，见过很多人有着典型的“胆结石”症状，而胆囊却一切正常，原因是这种绞痛来自结肠或其他相邻部位的情绪性痉挛。芝加哥一位生理学博士安德鲁·艾维认为，胆管出口处括约肌情绪

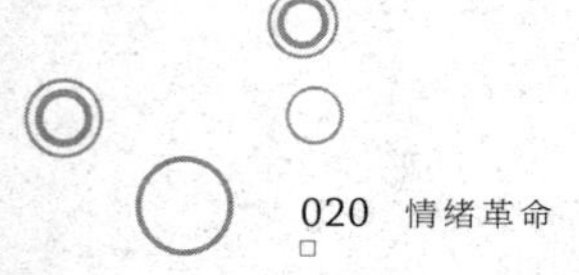

性痉挛引起的疼痛会和胆结石绞痛同样严重。

这是情绪性结肠痛，不是胆结石

可能每位医生都曾经有过错把情绪性结肠痉挛当作胆结石的经历。笔者也有相同的经历。有一天，我去给一位病人看病，她有着胆结石急性腹痛的所有症状表现。恐怕当时所有医生都会做出相同的诊断。我只得给她注射三次止痛剂，直到疼痛有所减轻。可是我完全忽略了这个事实：就在两天前她唯一的儿子收到了征兵入伍的通知。

两天后，她的儿子出发前往军营，这位女士经历了第二次同样的剧痛，症状和结石病完全相同。我又给她注射了三针止痛剂。

三个月之后，她接到通知说儿子已离开纽约市去往国外，但是目的地不详。得知这个消息两天后，她有了第三次也是最严重的一次绞痛。那一次，情况太严重了，我不得不将她送往医院。让我非常惊讶的是：X光显示胆囊没有任何异常。然而，我当时确信胆囊中有着X光不可见的结石，于是建议切除胆囊。经过病人同意后她的胆囊就被切除了。

这之后的好几个月，她的情况一直很好。我正要因为自己诊断之正确而自鸣得意，那位女士第四次疼痛发作，位置在体内右边的胆囊附近，但是她的胆囊已被切除。这次剧痛发生的前两天，她收到消息说她的儿子去了南非，在那里加入了与德国人的战争。第五次疼痛发生在她得知儿子在战场受伤之后。此后儿子返乡，她的疼痛就再没有发作过。

情绪性“阑尾炎”

如果结肠的情绪性痉挛发生在腹部右侧下方四分之一处，所有人都会认为是阑尾炎。再聪明的医生也无法做出正确的诊断，尤其是这种情况更容易发生在小孩身上。为了安全起见，通常会做手术，但是剖开腹部后医生看到的不过是一截正常的阑尾而已。

在另一些人身上，痛性痉挛可能发生在整段结肠上。毫无疑问，这些人的情绪一定很糟糕。

结肠会因情绪造成如此多的紊乱，因此各种术语就出现了，例如，“结肠痉挛”“结肠应激反应”等，所有这些不过是指“情绪性结肠反应”而已。

情绪可以让“肚子全鼓起来”

人们经常抱怨的还有“胀气”或“气肿”。他们会这样说：“大夫，我吃的东西都变成气了。”“大夫，有让人恶心的东西在我的肚子里发胀。”或者还有人这样说：“我体内的气会压到我的心脏。”有位病人甚至说：“吃的东西发出的气由胸腔上涌，通过脖子再从耳朵里钻出来。”

当我们感觉有“胀气”或“气肿”时，那是因为小肠的一段或某几段在紧紧收缩。这种痉挛把小肠收缩得很紧，形成片刻的堵塞，以至于肠内物质无法通过。这种痉挛性堵塞可能持续好几分钟或者更长时间。肠的蠕动会带动肠内气体和液体物质冲撞堵塞处，结果就会造成堵塞处的肠的胀起。随着肠道的痉挛，人们会觉得体内充气或胀气，如果痉挛忽然停止，肿胀的肠内物质会向前冲去，人能感觉到甚至常常能听到咕咕的声音。随着腹中压力的释放，人们常常会自言道：“肚里正在放气呢。”

在手术台上，我们通常都会向那些受“胀气”折磨的病人展示一个腹部解剖的彩照。这组彩照的主角是一个有着多次警方记录的小伙子。出于一些医学原因，他的腹部手术只经过了局部麻醉，只有腹壁被麻醉了。

第一张照片记录的是他刚被打开的腹部。我们可以清楚完全地看见小肠和结肠，一切都正常。

之后，外科医生知道警察正在医院的门口等着这位年轻人出院，便问这位病人：“你最近和警方有过接触吗？”问话后一分钟不到，在这位病人的小肠内就清楚地看到了多处肌肉痉挛及紧随其后的肿胀。

接着就照了第二张照片。医生问道：“现在感觉怎么样？”年轻人回答：“肚子全鼓起来了。”

打嗝也多由情绪引起

打嗝几乎属于同样的情况，只不过是发生在胃部而已。当然我这里不是指贪食者在暴饮暴食之后的打嗝，而是很多人在烦恼或巨大压力之下发出的令人尴尬的嗝声。我认识一位非常优秀的演说者，每次演说前十分钟的适应过程都很痛苦，这时他常常会控制不住地打嗝。但是他一旦稳住心神，找到自己的步调，就不再打嗝了。

我永远忘不掉多年前的一位病人。那个可怜的倒霉蛋每三十秒就打一次嗝，不论是在家、教堂还是在我的办公室，且这种情况已经延续一周了。一位外科医生建议切断膈神经以固定隔膜。

他是这样开始打嗝的：1942年春天，他卖掉了自己的农场并买了一家面包店，但是却对面包生意一窍不通。你应该记得，1942年，糖、面粉、猪油和所有面包店所需要的原料都是定量供应的。对于做面包店生意的人来说，这个可怜的小伙算术差得惊人，不久他和地方配给委员会就发生争执，最后联邦政府代表都要插手来处理这件事情。那时他简直是惊慌失措，因为他赖以生存的面包店被勒令停业。也许我们每个人遇到这种情况都会和那位可怜的小伙子有相同反应——开始打嗝。

显然办法只有一个，那就是卖掉面包店，彻底走出困境。当我提出这样的建议时，自我们见面以来他第一次笑了。交易成交之后十二小时，他终于得以解脱，不再打嗝了。

血管对于情绪的刺激最为敏感

到此为止，我们只了解了消化道肌肉中的情绪表现所引发的症状。但人体所有其他肌肉都有可能受到情绪的影响，尤其是很多血管壁上的肌肉。最明显最常见的血管反应的例证就是脸红。然而还有好多别的情况。

头颅内外中等粗细的血管对于情绪的刺激最为敏感。当这些血管随着我们的情绪变化时，会引起头痛，或者更为严重的偏头痛。对于很多人来说，情绪刺激可能是最深层次的问题，他们会试图掩饰某种不愿表露的情绪。但大多数隐藏在头痛背后的情绪还是很容易被发现的。

比如，我的一位病人患上一种非常严重的偏头痛，每次她上街都要发作然后不得不卧床一整天。她是一位挑剔的家庭主妇，依靠农场为生。上街之前，她得将屋子打扫干净，给孩子洗澡穿戴好，还要想上街要做的事情。更重要的是，她天生害羞，一想到要遇见很多人，她就惴惴不安。所以每次上街前她的头就开始痛了，上街回来之后就得卧床休息。当然，有时她也去看医生。但是每次依旧带着头痛回来。

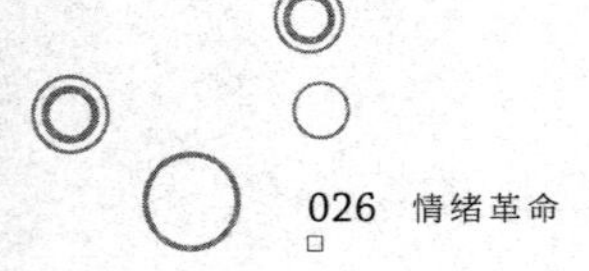

情绪引起的皮肤问题

事实上，很多皮肤问题都是情绪引起的皮炎。当处于皮下的血管在情绪的影响下持续挤压时，这种皮炎可以发生在人体的任何部位。每次血管缩紧，一部分血清会从血管的薄壁挤压出去，在皮肤组织上聚集。起初，皮肤会稍微绷紧，然后发红。很快足够的血清在压力之下穿过血管来到皮肤表层，这时就会出现由情绪导致的皮炎症状，如脱皮，结硬皮以及瘙痒，等等。

我有过一位73岁的病人，他患有严重的泛发性皮炎，而且已经有多年病史。68岁之前他从未患过任何皮肤病。他67岁时妻子去世，68岁时与第二位妻子结婚，妻子与他同龄。蜜月期间他首次患上皮炎。度完蜜月回家之后，皮炎已经发展到特别严重的程度，他不得不住院治疗。住院一周后皮肤有明显好转，于是出院回家，回家不久皮炎又复发。

这之后，有一次，他不得不因公出差去往好几百英里外的一个小镇。在那里待了一周后，他的皮炎竟然痊愈了。回家后皮炎又一次复发，他不得不返回到医院进行治疗。一段时间之后他去往另一个遥远的小镇出差，同样发现在那里一

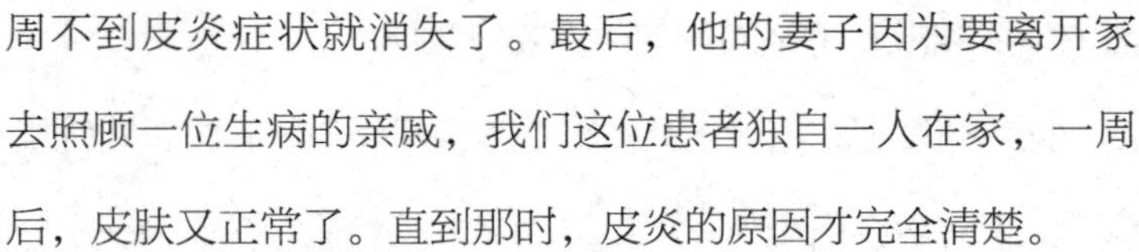

周不到皮炎症状就消失了。最后，他的妻子因为要离开家去照顾一位生病的亲戚，我们这位患者独自一人在家，一周后，皮肤又正常了。直到那时，皮炎的原因才完全清楚。

我们问他：“你和第二位妻子度蜜月的时候，你觉得她人怎么样？”他毫不迟疑地回答道：“我发现她专横跋扈，我简直无法忍受！”之后，我们私下叫来他的妻子，向她解释：她就是导致她丈夫皮炎的原因。她似乎不大相信，但还是保证会努力改变自己，不再那么专横。她表现得相当好，她丈夫的皮炎也就慢慢地彻底消失了。偶尔皮炎会有复发的征兆，而我们只需跟他的妻子谈话就能解决问题。

骨骼肌的情绪表现

第二次世界大战期间，经研究发现，我们通常称之为纤维肌瘤或者纤维组织炎的病症几乎全是因为情绪紧张而引起的。第一次世界大战期间，战壕中的部分士兵患了纤维肌瘤，战壕中潮湿糟糕的生活条件被认为是产生这种疾病的原因。但是，第二次世界大战期间前线士兵患纤维肌瘤的比例几乎是相同的。不论是在潮湿寒冷的阿留申群岛，还是在干燥炎热的南非作战，患病人数的比例始终相同。

此外还发现：随着士兵从大本营向战争前线转移，纤维肌瘤的患者人数会稳步上升。最终确定是某种情绪在作祟——一个人被迫去做他不愿意做的事情时会产生的一种情绪。

在这种情形下，人会不由自主地让自己僵硬起来，某些肌肉会随之拉紧，通常是肩周的肌肉。当然，平时生活中，当人们要不停地遇到一些他们想要避免的事情时，这种情况也会发生。

纤维组织炎是人们身体疼痛的最常见原因。多数人会偶尔出现纤维组织炎，但另一些人则不停地出现纤维组织炎。我恰好属于后一种，绝大多数时候我都有纤维组织炎。当然这是由于情绪引起的。作为一名医生，我每天在诊所里要接待无数的人，他们大多会给我身体和情绪造成沉重的压力。所以我身上总有什么地方会疼，某位病人的暴躁亲戚光临我的诊所时尤其如此。

我出外度假的时候，纤维组织炎便和诊所一起被甩在身后了。一回诊所，纤维组织炎又如影随形地出现了。比如，我右肩疼得都拉不开玻璃门。但我很清楚我的疼痛是怎么回事儿，所以并不担心。

问题是很多患有纤维组织炎的人并不懂得这一点。他们或者会担心得癌症，或者深信自己患有严重的风湿病，且很可能发展成为瘸子或终身残疾。而真相通常是恰恰相反。

纤维组织炎从来不会让人变成瘸子，也不是很严重的病症，仅仅让人非常讨厌而已。

紧张情绪可以放大任何一个轻微的痛感

在忙忙碌碌的一天，如果我们忽然停下来问自己："我身上哪儿疼啊？"我们总是能发现身上某个地方真的在疼，或许是脚上，或许是腹部下方。有时没有任何原因，身体某处忽然剧烈地疼痛了一下，可能是大腿，可能是胸部，忽然间会让我们痛得抓狂。这种疼痛是正常生命过程的一部分。没有任何原因，只是某个痛觉神经末梢受到了刺激，或者某根血管痛性收缩，再或者是某处肌肉束发生痉挛。有些人对这种疼痛的感觉来得更为强烈，因为他们的痛感阈值，也叫临界值比其他人低一些。

多年前，纽约一位全国有名的主治医生利伯曼博士就提出了一个观点：有些人比其他人对疼痛更加敏感，并不因为他们是长不大的孩子，而是他们更轻易地就感觉到疼痛。他还设计出一个简单的临床测验来测试人对疼痛的敏感度，其中包括：按压位于耳垂下方颌骨后面的茎突。按压茎突时，不敏感的人不会躲闪；但是对疼痛敏感的人会躲开并发出尖叫。

对于对疼痛非常敏感的人来说，肠道正常的蠕动收缩都可能被当作是一种疼痛。上文可以解释某些人不停地感觉腹痛或觉得腹部不适。除非他们明白自己对疼痛的敏感性是腹痛的原因，否则他们将终生疼痛下去。

我们每天都要经历各种各样的疼痛，我们若是把注意力集中到某种疼痛上，那么这种疼痛就会显得很严重。越是去关注疼痛，疼痛反而会一发不可收拾。疼痛会控制人的感觉，占据人的思维，表现得越来越严重，直到让人觉得还真有那么回事。

紧张情绪可以放大并加重任何一个轻微的痛感。种种情况表明，焦虑的状态会降低疼痛的阈值。轻微疼痛的感觉在情绪欢快时可以轻易忽略，但在情绪低落时却会让人感到疼痛难耐。

所以很多人在情绪紧张时会出现下背部痛的现象。大家都或多或少有过背痛的经验。轻微的肌肉扭伤造成的疼痛人们通常注意不到，但是在情绪紧张时，人的疼痛阈值降低很多，背上的疼痛刺激就很明显了。

情绪性肌肉症状还有许多

本章中，我列举了一些关于情绪性肌肉紧张的常见而有趣的症状。类似症状还有许多，在此就不一一列举了。

我只想说明，人的情绪可引发疾病是不争的事实。

如果我们懂得这个道理，那么我们就无需为常常感觉到的很多不适而苦恼。意识到这一点可以帮助我们避免那些会引起病态、伤残、痛苦、旷职或事故的疾病。

无疑，这对我们每个人都是至关重要的。

本章小结

情绪大体上通过自主神经和内分泌系统对人体产生生理上的影响。常见的神经作用是肌肉紧张,不论是腿部、血管壁,还是胃部的肌肉紧张都会引起疼痛。

因此，情绪性肌肉紧张会引起后颈、胃、结肠、头皮、血管和骨骼肌的疼痛，会造成类似溃疡的剧痛、类似胆结石的绞痛、常见的头痛、偏头痛，让你不得不去做一大堆临床检查。另一种情绪性后果是引起皮肤疾病。很多疾病，包括皮肤病，都会由于消极情绪而恶化。

我们通常所说的“胀气”现象事实上有时就是消化道中的情绪性肌肉痉挛。打嗝绝大多数时候是胃部的情绪性肌肉反应。胃肠道也是情绪性疾病的一个常发地。

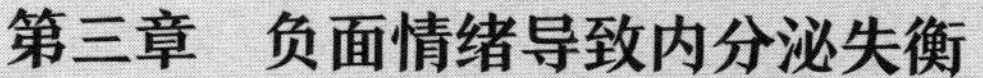

第三章　负面情绪导致内分泌失衡

“你的神经太紧张了！”

“我的神经紧张极了。”

“要是有什么东西能让我的神经不紧张就好了。”

“神经紧张让我觉得太难受了。”

“我是个神经非常紧张的人。”

“要是我的神经紧张能改善一下该多好啊！”

很多人都会想当然地把情绪变化和神经系统画上等号，但实际上，在情绪性疾病中，神经系统没有什么不对的地方。它们和其他器官一样正常。神经系统所起的作用就像是一个传话者，告诉结肠该收缩了，或者是通知心脏要加快速度了。

现代医学已经证明，人体内被称作是内分泌系统的一组器官才与情绪性疾病有着主要的关系。所以，我们应该说

“这是我内分泌系统的问题”，而不是“这是我神经紧张造成的”。

情绪在左右脑下垂体的工作

脑下垂体就像一颗大号的豌豆，位于头盖骨内，大脑之下，完全处于一个碗状的骨头的包围之中，宛如躺在摇篮里一样。你或许会想，脑下垂体受到如此的保护，那它应该是人体最重要的器官了。

事实确实如此。脑下垂体是全身上下的管理者。它能分泌出各种各样神奇的荷尔蒙[①]：有的会使血压升高，有的会使平滑的肌肉收缩，有的还会抑制肾脏产生尿液；还有一些荷尔蒙能调节人体其他的内分泌腺。这些内分泌腺又会产生更多的荷尔蒙去控制调节人体的各项机能。

不过，脑下垂体的作用还远不止于此。它更大的作用是从各个方面保护人体不受“紧张性刺激”的伤害。

---

① 荷尔蒙是存在于血液中的物质，对人体的其他部位起着重要的作用。

负面情绪给内分泌系统带来的破坏最严重

破坏身体健康的紧张性刺激特别多。它们大都会刺激脑下垂体过量分泌某种荷尔蒙或几种荷尔蒙的混合体。细菌入侵和病毒感染就是这两种紧张性刺激。为了抵御这两种刺激，脑下垂体就会分泌出一种荷尔蒙来加固身体防线。类似的紧张性刺激还有很多，比如挨冻、暴晒、严重肌肉劳损、药物反应、受伤、手术等。

不过，最危险的紧张性刺激却与病毒无关，而是负面情绪。这是因为，负面情绪会刺激身体同时分泌很多种甚至所有的荷尔蒙。所以，负面情绪给身体带来的危害往往会比其他任何紧张性刺激更严重、更深远。

更为重要的是，这种危害持续的时间会很长，通常是几个月，也可能是几年，而一般的病毒感染只会持续一两个星期。

下面我们就谈一谈这种负面情绪长期影响对人体的危害有多严重。

负面情绪会阻碍孩子的身体发育

促肾上腺皮质激素是脑下垂体分泌的一种激素。它不直接对人的身体产生作用，而是作用于肾上腺，刺激它产生肾上腺皮质素[①]。

下面这个试验会让我们看到负面情绪、促肾上腺皮质激素和身体健康这三者之间的联动关系。

研究者在蒙特利尔挑选了两组孩子作为试验对象。其中一组孩子都来自不幸福的家庭，家里总是遇到很多不顺心的事，包括孩子在内的每一个家庭成员都不开心。而另一组孩子则来自幸福的家庭，孩子们生活得很愉快。

这两组孩子都在同一个大学的食堂里就餐，吃的都是为他们精心准备的丰盛菜肴。当时营养学家们也在场看孩子们吃饭，发觉饭菜很合他们的胃口。除了在同一个食堂里吃饭以外，所有的孩子都像往常一样，各自过着自己所习惯了的生活。

试验结束的时候，那些来自幸福家庭的那组孩子都长胖了，而且远远超过了同龄孩子的正常平均体重。但是那些来

① 一种激素，可提取自肾上腺或者若干热带植物中，用于治疗关节病。

自不幸福家庭的孩子，尽管吃着同样的饭菜，他们还是没有达到同龄人的正常体重。

在试验期间，研究者发现那些不开心的孩子抑制了脑下垂体，从而产生过量的促肾上腺皮质激素，而促肾上腺皮质激素又产生了肾上腺皮质素，这种激素又影响了蛋白质的新陈代谢，形成了一条有趣的链状关系。当蛋白质被肠吸收进入血液以后就以氨基酸的形式存在。但由于受到促肾上腺皮质激素的影响，氨基酸更多地转变成了葡萄糖，因此转变成为人体生长所需的蛋白质的氨基酸量就相应减少。很多不开心的孩子体内有时会处于一个氮的负平衡，也就是说，尽管他们摄入的食物很有营养，他们体内蛋白质的消耗量却远远超出自身蛋白质的合成量。

那些来自幸福家庭孩子的情况则刚好相反。他们适宜地刺激了脑下垂体。他们体内的氨基酸转换成蛋白质的量也很合适。

在观察期间，受到心理压力的孩子还经常容易感染病毒，那是因为促肾上腺皮质激素的过度分泌导致了人体对病毒的抵抗能力下降。

本章小结

现代医学已经证明，人体内被称作是内分泌系统的一组器官（脑下垂体、肾上腺、甲状腺、甲状旁腺、胸腺、胰腺、性腺）才与情绪性疾病有着主要的关系，其中最重要的是脑下垂体。

脑下垂体是全身上下的管理者。它能分泌出各种各样神奇的荷尔蒙来调节我们身体的各项机能；它更大的作用是从各个方面保护人体不受“紧张性刺激”的伤害。

破坏身体健康的紧张性刺激特别多，比如细菌入侵、病毒感染、挨冻、暴晒、严重肌肉劳损、药物反应、受伤、手术等。不过，最危险的紧张性刺激是负面情绪。它们比其他任何因素带来的危害都要大，持续的时间也更长。

第四章　好心情是健康的灵丹妙药

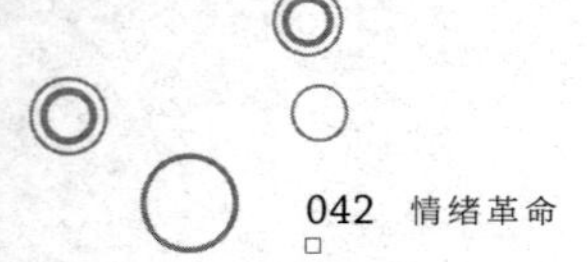

人的身体自身懂得如何保持体内内分泌平衡，人却不知道。但我们也有办法达到内分泌的平衡，那就是保持愉悦的心情。

坏心情有害身心健康，而好心情是带来健康身体的最大法宝。健康的情绪，比如平和镇定、乐天知命、勇敢、坚定以及愉悦，都会刺激脑下垂体分泌激素以达到最佳激素平衡。这种平衡所产生的效力可能比世界上的任何药物都更加理想。

正面情绪的强大功用

保罗·怀特在1951年12月出版的《内科医学年鉴》中举例说明了他的观点。当年人们对促肾上腺皮质激素还一无所知。他的一位病人患有严重的风湿热，她有两个孩子和一个嗜酒如命的丈夫。她已经卧床三年，医生说至多还能活上一年。

那位女士的精神状态也非常糟糕，几乎丧失了任何希望。然而，不幸接踵而来，她的丈夫不知道什么原因抛弃了家庭，甚至连生活费也没有留给她和两个孩子。于是，她不得不挺身面对所有的不幸。而正是这不幸的遭遇让她结束了自己的消沉状态。

当怀特大夫去给她看病时，她坚定地说："怀特大夫，我决心要让自己好起来，我要供养两个孩子。"

怀特大夫答道："我亲爱的女士，我当然希望你能做到，但你的心脏承受不了啊。"

我想要提醒一下各位，并不是怀特医生低估了她的心脏，像保罗·怀特医生这样的专业人士，当然知道那个心脏的现状和未来可能出现的情况。但是他低估了促肾上腺皮质激素（到那时人们还不知道这种激素的存在）的生理作用，低估了某些情绪可以刺激促肾上腺皮质激素的分泌以形成荷尔蒙正常谱的可能性。即便怀特这样建议，那位妇女还是以满怀勇气、坚定、热情与愉快的心情下床开始工作。她努力

抚养两个孩子，坚持了八年。

任何观察力敏锐的主治医生都能从他的行医经历中挑出类似的例子。这种例子在手术后较为常见。我们的诊所曾经有过这样一个例子，我们给一位恶性肿瘤患者做了一个极其艰难的大型手术。手术后三天，主治医生让我去看望病人，并说："那位病人活不久了。"

从病例来看他的确是活不长了。我走进他的病房，他看起来很清醒，但仅此而已。

我说："亨利，你今天感觉怎么样？"

亨利对我愉快地笑了笑，双眼充满了坚定的热情（我不知道这种力量从何而来），用一种很真诚的语气回答说："我很好啊！过不了几天我就可以出院了。"

亨利一直保持着那样的态度。他恢复得很好。我想如果病痛带来的消极情绪一直困扰着他的话，他应该已经去世了。

另一个我永远难以忘记的病人是一位中年妇女。她因为一种无法控制的出血病而住院，身体状况每况愈下。每次我去病房探望她都觉得她再没有生的希望了。但是每当我问她感觉如何，她都保有一贯的愉快和信心："我感觉很好，我想坐起来。不久我就可以回家了。”她真的很快痊愈了，并不是因为任何治疗手段，良好的心情是最好的疗法。

好心情与内分泌平衡

良好的心情可以刺激人们的脑下垂体，从而达到内分泌平衡，但人工注射荷尔蒙却达不到同样的目的。脑下垂体分泌的荷尔蒙与人工注射的荷尔蒙，其效果完全相同。良好的情绪刺激人体分泌适当数量的荷尔蒙，而坏情绪则产生不当数量的荷尔蒙。

好心情能创造奇迹

我们对荷尔蒙的了解仍然很不全面，但由此我们可以解释许多医疗上的奇迹。随着我们知识的增加，我们的自然界会变得越来越神奇，比古代人眼中的世界神奇千倍万倍。

让我举个例子来说明一下吧。在抗菌剂发明以前，曾经有位男人出现了肾脏感染。在1934年这还是一种很严重的病症。他平时易怒易躁，时常有不满情绪发作。他的病情越来

越严重，而那些负面情绪刺激了他体内促肾上腺皮质激素的分泌。

后来，这位患者遇到了一位巫医。这位巫医让他的情绪变得愉悦起来，让他充满了热情、希望和信心（所有这些我都没有能够做到）。之后，最佳内分泌平衡在这个男人体内形成了最佳保护，体内的自我免疫系统是那个时代唯一的治疗手段。后来他就逐渐痊愈了。

不论通过任何方式，只要情绪得以改善，都会有同样的效果，比如，一次浪漫的恋爱。怎样获得良好的心态并不重要，关键是要有良好的心态，自从地球上有人类出现，这种事情就一直存在，只是我们刚刚才开始意识到它的重要性。

好心情通过两种方式产生效果

好心情常常有两种效果。首先，好心情替代了产生紧张的坏情绪；其次，好心情可以刺激脑下垂体，从而达到内分泌功能的最佳平衡。正是由于这种最佳平衡，人们才会有如此美妙的状态：“哈，感觉太棒了！”但我们必须明白，上述两种效果是同样重要的。

感受生命的美好

健康生活的第一要义就是保持良好的心态，所以很显然，生活中最重要的一点就是训练并掌控自己的心态。

到目前为止，教育的主要目标是提高我们的智力，这一点当然很重要。但是一个人如果智力很高却情绪很糟，那么生活过得就凄凄惨惨悲悲戚戚。如果必须二者选一，情商低、智商高还不如情商高、智商低，因为后者很可能生活得更加幸福。

事实上，如果方法得当，获得良好的心态比提高智力要容易得多。其实任何人都可以没有坏心情。的确许多人情绪糟糕，那是因为几千年来，我们忽略了控制情绪的训练。

本章小结

健康的情绪和紧张的情绪都会对脑下垂体产生很大的影响。好心情让身体变好，坏情绪让身体变坏。

健康的情绪，比如平和镇定、乐天知命、勇敢、坚定以及愉悦，都会刺激脑下垂体分泌激素以达到最佳激素平衡。这种平衡所产生的效力可能比世界上的任何药物都更加理想。

第五章　基础情绪：一切幸福或不幸的根源

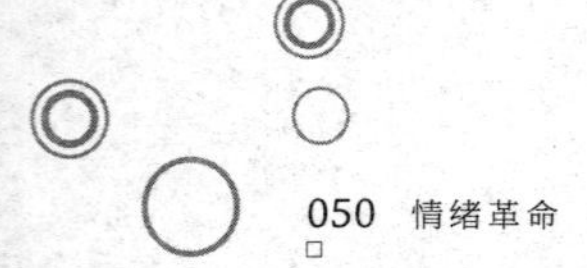

我们每个人在同一时间都有两种情绪：一个是外在情绪，这种情绪是任何人都看得出来的；还有一个是内在的情绪，除非能洞悉自己的内心世界，要不然没人能看出你的这层情绪。我们把后者称为是基础情绪（心理学家们也把它们称为情感）。

什么是基础情绪

下面我们就举个例子，让大家能更好地理解这两种情绪之间的差别。

假设今天早上你犯了一个严重的错误，或者说你犯罪了。假定这是你第一次犯罪。显然，你不是一个冷酷无情的罪犯。要是老天再给你一次机会，你决不会那么做了。当然，你最期待的是法官能够相信和理解你。在接下来的几个小时甚至几天里，你就会不断地产生恐惧—焦虑—自责这样复杂的基础情绪。

在这段时间里，你总是悲痛不已，心神不定。这样的情绪就会令你的肌肉收缩，而且过度刺激神经内分泌系统。由于这些症状的出现，毫无疑问，你会觉得很不舒服。

当然，从表面上看来，你偶尔还会开心，还能善意地和别人开玩笑，表现得很轻松。但是你知道你内心的真实状态一直都很糟。

这种基础情绪就像舞台上的幕布一样整天笼罩着你，而外在情绪只是偶尔在黑色幕布上掠过的光影，转瞬即逝。不管光影掠过前、掠过后，又或者是光影来到的瞬间，基础情绪都没有消失过。

基础情绪对人体的影响最大

相比外在情绪来说，基础情绪更容易引起身体疾病，因为它们总是持续不断，而且从根本上来说，基础情绪通常都是负面情绪，持续时间也长。

基础情绪也许会贯穿一个人的一生，不断地引发出各种病症，而患病的人却不十分清楚这种情绪的存在。

27岁的沃尔特是个待人友善的小伙子。他很讨人喜欢，整天都笑眯眯的，光顾过他加油站的人都认为他是个乐天派。但了解他的人，就不这么认为了。他的妻子就发觉他有时候看起来有些心神不宁，闷闷不乐的，眼神里透出一丝凝重，好像在等待什么坏事发生一样。其实，他早在6岁的时候就患了慢性痢疾，而且情况越来越糟糕。

这一切都是因为5岁那年他和父亲的一次骑车出游。那天，他们遇上了暴风雨，避雨的时候一道闪电击中了父亲——他倒下了，之后就再也没有起来。从那时起，沃尔特就一直生活在恐惧和忧虑之中。

不管外在情绪是怎样的，基础情绪都会始终存在于一个人的内心深处。

精神生活不丰富导致不良基础情绪

造成不良基础情绪的原因有很多，其中最为常见的就是基本的精神需求得不到满足。这样的精神需求分为六种：

爱、安全感、认同感、创造性、新体验和自尊。我们将在第十四章中就这些内容继续讨论。

心智不成熟也会产生不良基础情绪

造成不良基础情绪的另一个原因就是心智不成熟，以及这种不成熟的个性所带来的问题。在第七章中我们将讲解这部分内容。

愉快的基础情绪：幸福生活的本质

如果一个人能长期保持愉快的基础情绪，那么他无疑就是幸福的。在他身上具有我们所说的开朗的个性。与全世界的物质财富相比，这种个性更为珍贵。

如果你没能在成长的过程中自然形成这样乐观向上的个性，现在开始培养还为时未晚。只要你能坚持不懈地贯彻一些简单的原则，你就能成功。我们会在本书的第二篇讲述这些原则。

本章小结

任何一个人都会有两种不同的情绪，而且每种情绪都会在人体内引起各自的物理变化和化学变化。

外在情绪指的是平时呈现出来的表情，比如有人递给小孩子一盒糖果，他们就会露出灿烂的笑容。

不良基础情绪才是大部人的生活基调——当我们的儿子落入坏人的魔爪时，我们内心深处固有的那种感觉；当我们切身感受到社会的阴暗时，我们心里的那种感觉；当我们深爱的人生病时，我们忧虑不安的那种感觉，等等。

如果一个人只是表面上很愉快，但他的基础情绪却不怎么愉快，这样对他的身体没什么好处。不良基础情绪产生的原因很多，有时候是由于精神上的需求得不到满足，有时候是由于人们心智还不够成熟，有时候又是因为一些人们不愿承认的原因。

那些拥有愉快基础情绪的人才最值得我们羡慕。他们看起来是那么沉着、果断、自信、坚决和乐观。

第二篇

如何提升情绪自控力

第六章　只有人成熟了，情绪才能积极

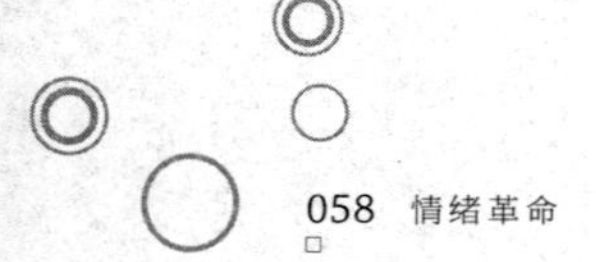

任何时代都有情绪引发的疾病，无论是过去还是现在。世界一直充满了情绪性疾病。过去的人们在面临生活困境时所承受的情绪压力并不比我们少。当然，我们现代社会中有世界政治局势之类的压力，但是每个时代都有各自不同的世界局势和战争，有些年代的世界形势比我们当代还要糟糕。尽管对各种疾病的大规模宣传让我们感到紧张，但是过去的岁月中人们面临着更多的可怕疾病，如肺结核、白喉、鼠疫、伤寒、痢疾，以及与现在比起来更加糟糕的生活条件。

像我们这个时代一样，以前任何时代都不能免于生存压力，也不能摆脱坏天气对心情的影响。每个时代都让人们有各种各样的情绪压力。

我们总会认为，我们今天遭遇的烦恼要比历史上的其他时代来的深重，但这往往是一种误解。没有人能脱离自

己所处的时代，所以我们更加关注如今人们所面临的压力。我们已经意识到了情绪性疾病的重要性，将来我们一定能够减轻人们的情绪压力，正如我们已经成功地降低了传染病的发病率。

生活难题很少不等于没有情绪性疾病

最让人惊讶的是，患有情绪性疾病的人通常并没有许多生活中的烦恼。读者一定以为他们会有很多具体的难题，对不对？你所认为的规律应该可以用等式表达如下：

生活难题很多＝情绪性疾病

生活难题很少＝没有情绪性疾病

但是事实并非如此。当然，大量的难题会导致情绪性疾病，但是绝大多数情绪性疾病患者实际上并没有什么真正的难题。

导致情绪性疾病最重要的原因是：病人没有学会如何在平淡普通的日常生活中保持健康心情。每个人都会碰到各种

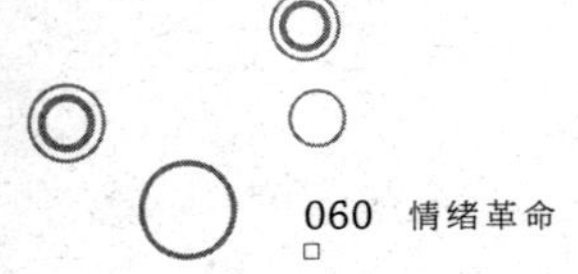

烦心事，而正是这些烦心事引发了大多数情绪性疾病。

许多人还没有学会用健康快乐的心情来面对变化无常的日常生活。这里所说的日常生活包括维持生计、收入和开支、维系家庭和睦、平息偶尔的争吵。同样，作为日常生活的一部分，人们还得面临亲人的去世。

这些患者从来没有学会让情绪平和的艺术，面临生活时他们情绪上压力重重。情绪平和是指应对日常生活中种种情况的能力，一切不好的状况都要以好的心情来面对，比如镇定、乐天、勇敢、坚定、开心以及愉悦。但是有些人面对压力就会以不好的心情来面对，比如焦急、害怕、忧虑、消极、失望以及挫败感。

不良教育引发情绪压力

无论过去还是现在，能够获得平和心态的人总是少数，原因很简单，我们还没有把平和心态的训练当作一种专门的技能。获得情绪平衡的唯一方式就是通过正确的教育，但是这种教育还没有出现。

没有任何地方你可以学到使情绪平和的技巧。这样的地

方当然应该有，但事实上却没有。有关情绪平和的教育以后会有的，我们的后代在学校里就会学到这样的课程。但将来是将来，对现在的我们没有任何帮助，你说呢？

家庭的影响。当然，一个人所受到的所有教育绝不仅仅局限于学校。父母的家庭教育对我们影响最大。然而许多家庭对子女的影响都糟糕透了。大多数家庭都有着强烈的情绪压力。当然，还是有很多例外的，但是大体上说来，家庭教育并没有给孩子一个好的开始。

朋友的影响。对于我们每个人来说，第二大重要的教育因素是来自我们生活圈子中的人，和我们一起玩耍、交谈、拜访、工作、打闹以及相爱的人。这个生活圈子包括那些作家，他们通过所写的书籍进入我们的私人世界，即使他们可能不在人世了。如果我们幸运，一些能照亮我们心灵的人会进入我们的“圈子”之中，影响着我们，帮助我们培养起一两种健康的生活态度。但是大多数和我们的生命有过交往的人都是平庸的，同时承受着很大的教育压力。

学校影响。学校是我们第三大重要的教育影响源。老师从来不会教我们如何养成平和的心态，但相信不久以后他们就会意识到这一点。有好几位颇具远见的教育家正在计划推

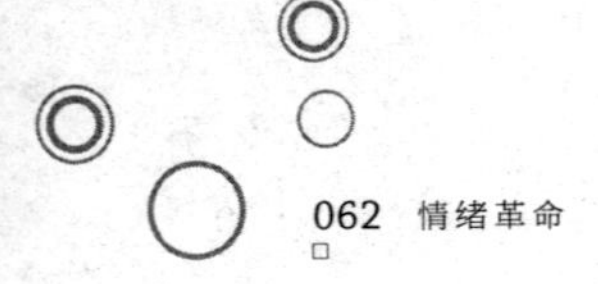

行这种教育。教育的中心目标应该是教育人们愉悦而满足地生活，而不是让他们去跑一场七十年的情绪压力马拉松。

“成熟”是平和心态的代名词

教人们如何让心态平和，也就是教人们变成熟。心态平和是一个人成熟的表现。

最近，心理学家才开始了解成熟包含哪些方面。按字面意思来说，成熟就是：以一种积极有益的心态面对生活，而不是像个小孩子。心态平和也是同样的道理。孩子遇到危险时会情绪紧张，但是相同情况下，成熟的人会沉稳地应对。

心理学家同样意识到极少有人或根本没有人完全成熟。大多数人都有着孩子气的一面，他们会有像孩子一样的紧张情绪。只有极少部分人接近成熟，因为没有正规的教育来帮助人们变成熟。要变成熟有时也靠运气。有少数人很幸运，在别人的指点下变得成熟，但是即使这样，这种指点的效果也很有限。

在大众眼里，社会精英都很有才能，非常成熟。然而在他性格中肯定有不成熟的一面。对于生活中的某些事情，他

的反应可能很不成熟，像个小孩子。

一些大企业家，或者常见于报刊头条的名人，在一些基本问题上会很不成熟。一旦大众认识到成熟的真正含义，这类人就不可能爬上高位。人们会认清他们的真面目——一群不成熟的家伙，从此不再被他们的论调所蒙蔽。

一旦我们的社会意识到要让人们养成平和的心态，成熟的人就会越来越多，社会面貌和个人生活都会大大改善。

成熟的一个误区

首先值得我们注意的是：男人通常所认为的成熟实际上不是真正的成熟。这种不成熟对社会，对他自身，以及对很不幸成为他妻子的人造成了很多麻烦。

这种不成熟的人被当作英雄看待，最典型的例子就是那些粗鲁、目空一切又虚张声势的男人，他们终生玩着四岁小孩就会玩的警察抓小偷的游戏。广播和电视天天都在向青少年报道着这些人的行迹，报纸也大肆渲染。

在我们身边还有一种典型的不成熟男人：他们会把妻子小孩扔在家里，自己出去钓鱼、打猎、赌博，和同伴朋友一

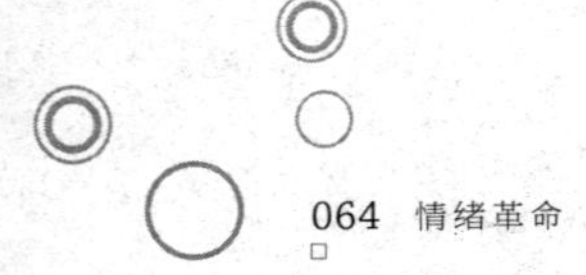

起出门做这做那，然后喝得酩酊大醉。

我特别提到这类人，是因为他们的不成熟经常会引起妻子和孩子的情绪压力。而以上两种类型的男人各自不成熟程度和方式不尽相同，但是人数极多。每一个地方都有很多这样的人。

他们的性格越是粗鲁，行为也就越为粗鲁，也就越加不成熟和孩子气。一旦要打针，或者在没有麻醉的情况下动手术，他们就会表现出惊人的幼稚，完全受不了这些。我在圣路易医院看到过一些“硬汉子”，他们平时胆子大是出了名的，却在这些时候害怕得像个小孩子。

当然，他们的强悍是伪装出来的，其实只是外强中干。他们忍受不了任何压力，动不动就喝酒发泄，但他们不知道，酒精并不是消除压力的有效方法。因为在他们看来，成熟的人应该会抽烟会喝酒。他们甚至觉得，粗鲁地对待妻子或者对妻子表现出冷漠的态度就是成熟。让人伤心的是，法律竟然允许这种人结婚。

等到他们四五十岁，意识到自己原先的想法完全错误时，才开始紧张起来并去诊所咨询。到那个时候，他们大多数人都已经体弱多病了。

更可悲的是，他们的妻子去诊所时年龄要小些，大约三四十岁。他们的孩子很小时就会出现心理问题。没有有问题的孩子，只有有问题的父母。

成熟的人都具备哪些品质

责任心和独立自主是成熟的首要品质

成长的必要一步是：开始独立地承担起对父母和其他家庭成员的责任。童年时代，孩子习惯性地依赖他人，尤其是那些家人保护过度的孩子。很多家长，尤其是母亲，在孩子应该独立时让孩子依旧充满依赖性。这些一直依赖性很强的人迟早会在生活中遇到困难。

这里有一个著名的例子，讲的是一个非常依赖于母亲的男孩。当他慢慢长大，开始遭到同伴们的嘲笑时，才逐渐意识到依赖母亲是一种懦弱的表现。为了向自己以及同伴证明他的能力，他表现得比同龄人更为强悍，简直与强盗没什么两样。那之后，他到处惹是生非。

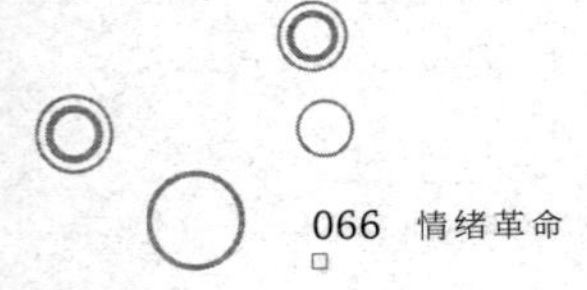

成熟意味着付出而不是索取

孩子最大的愿望就是收到梦寐以求的礼物。不成熟的人总是抱着这种心态，“这样做我会得到什么？”这是一个起点，人们从此变得小气、脾气乖戾。随着他们逐渐长大，到再不能像小孩子一样收到礼物时，他们满脑子想的仍是能够得到什么。他们钻进了牛角尖再也出不来，只能使欲望变得更加强烈，最终导致极端的挫败感。

有两个未婚的姐妹，她们一直住在一起，由父亲遗留下的一笔可观财产维持生活。后来，她们一位年迈的叔叔去世了，他一直喜欢制造麻烦，遗嘱声明把农场留给姐姐，并注明姐姐去世后农场将传给妹妹。但是妹妹想立刻得到属于她的那部分遗产，所以要求变卖农场并平分家产。但是姐姐想要把农场维持下去。为了此事，姐妹俩争吵起来，最后反目成仇，各自生活。

现在，她们都患了情绪性疾病，生活很悲惨。除非她们变得成熟，懂得付出，而不只是一味索取，否则这种状况永远不会改变。她们都已年近五十，但这种疾病还将继续困扰她们很多年。除此之外，她们都有自己的律师，多年来一直为争夺农场打官司，但是诉讼所花去的钱已经超过了农场所值。那个爱制造麻烦的叔叔，人死了还给她们留下这么大麻烦。

成熟的人总会想着如何让别人的生活更加美好。有了这种想法，他们会心胸更开阔，更富有同情心。这种成熟的人不会把自己封闭起来，更不会把别人拖入痛苦之中。他沐浴着阳光，享受着宽广的世界，愉悦地看待身边的一切，觉得他人值得去了解，值得去付出。

事实上，只会索取的吝啬鬼从来无法体会到付出所能带来的快乐，他们一直无法摆脱压力，且身陷无尽的欲望之中，疾病不断。

成熟就是不以自我为中心，不争强好胜

孩子总会这样说，“我有这个，你却没有！”或者“我比你厉害”，又或者“你爸爸打不过我爸爸”。有些人一生都这样孩子气，自我为中心，争强好胜。他们无法与他人相处，因为他们常常拿自己与身边每个人比较，从来不会友好地和他人合作。作为同行，他们让人厌烦；在一个集体中，他们让人感觉愤怒；与人相处时，又爱争论。

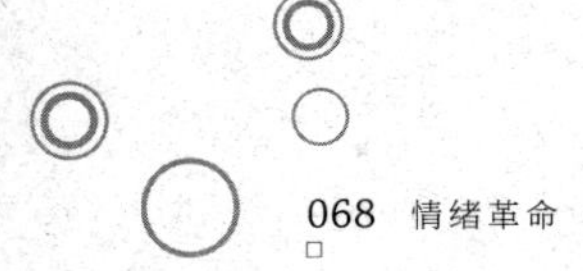

争强好胜的人

不断拿自己和别人比较，嫉妒心强，这样的人注定会生活不幸。他总是嫉妒别人，自尊心不停受到伤害，因而对别人心存敌意。

脾气暴躁、一心想登上头版头条的政客们就属于这种类型，他们习惯把自己的想法强加给别人。如果你去观察他们一天的行踪，就会发现他们经常出入位于美国马里兰州的贝塞斯达医疗中心。这是美国国会专为海军和国会议员建造的，为国家健康研究所和海军医疗中心所在地。他们要么是去检查身体，要么去做手术——医生把情绪性疾病当作了一般性疾病。

这些人自认为是领导者，觉得自己非常成熟。如果选民了解状况，就会知道他们其实很幼稚，爱争强好胜，别的方面也不成熟。这类政客大话连篇不仅会让自己心虚，也会让听众深感不安。虽然本性幼稚，他们还是会竭尽全力表现得很成熟，当然这种成熟并不是他们的本性。

适当竞争是有益的

在某种程度上，竞争在生活中占据着很重要的位置。但是，当竞争心太强，超乎一切其他情绪时，它就丧失了原有的效果。它会引起焦虑、紧张、压力和不安，甚至让成功人士也失去快乐。

现代工商业社会中，同行间的激烈竞争引发了大量的情绪性疾病。大型连锁店的地区分店经理经常会有情绪性疾病，因为他们互相竞争以提高销售量，努力超过本地其他分店。金融业和工业中也存在着类似的问题。所有想要往上爬的人都承受着巨大的压力，并常常患上溃疡。失败的人会感觉挫败，接着这种挫败感会导致疲乏和长期的头痛。到底谁赢了呢？在这种竞争中，我没有见过一个人真正赢了。

我们的竞争环境是有缺陷的

毫不夸张地说，我们的竞争体系是不成熟的。我们希望随着时间的流逝，这种体系可以逐渐成熟，在人们之间形成一种友好互助的氛围。如今，这个竞争环境毁了很多人的生活。难道这些只为着自己考虑的大型公司、企业值得人们付出这么大的代价吗？我觉得答案是否定的。

把自己塑造成为一个成熟的人，也就是说让自己快乐，这是我们每个人都有权利去追求的一个目标。任何一个行业，若是让人们情绪糟糕、身体不健康，那么它就是不成熟的，和自我为中心、争强好胜的人一样，在这个社会是得不到认可的。

迪克是当地一家连锁分店的经理。他的商店正处于和其他几个分店的激烈竞争中。如果要成为那个地区的总经理，迪克的商店必须在销售量上赛过其他分店。即使薪水并不高，但他还是夜以继日地努力着。成了地区的总经理，最终他也患了溃疡。其他连锁店的经理也同样患了溃疡，但却没能成为总经理。每一场竞争中，总有人会输，输的人除了患上溃疡还会继续得别的疾病。迪克成功了，薪水也提高了，但是烦恼越来越多，竞争也越来越激烈。他比过去更加努力，拼命地工作，但他管理的几个分店总销售量仍然落后于其他区域。因此他没能继续往上升。于是，挫败感让他疲惫不堪，便秘、头痛和失眠也接踵而来。

还有这样一种人，他们很自我、自大，不受外界影响，与每个人接触都像竞赛一样，一定要证明自己比别人聪明。她的能力很强，挣的也比丈夫多，以致那个可怜的男人和她在一起总是很自卑，心情极端复杂。每一次开会，觉得主席的开场白很没有水准时，她都会立刻站起来要求换个话题或

者换个发言人。她在女子俱乐部中是个强悍的角色，在桥牌俱乐部中也霸道得让人受不了。她每走一步，似乎整个城市都跟着颤抖一次。但是上帝对每个人都是公平的，不成熟也让她付出了极大的代价。有时候，到了深夜，她都会感到特别的无助，这种感觉会一直持续到次日早晨，然后让她好几天都垂头丧气。这位女士的痛苦正是由于她还不够成熟，无法友好地与人和睦相处。在这个方面，她还是一个孩子。她所受到的教育只停滞在“你妈妈打不过我妈妈”这个阶段。

性心理的成熟

当我们还是孩子时，性观念是自私的，只顾及自己的生理满足，并没有意识到性是两个人结合的一种美好体验。两个人在一起，不管做什么事情，只有双方都善良、富有同情心、学会了相互配合时，这种体验才能达到完美。

不成熟的性态度太常见了，害羞和对情感的抑制妨碍了性教育的顺利开展。不论是学校，还是家庭，都没能给人们提供正规的性教育，于是，许多人都通过不正常的渠道去认识性。由此不难看出为什么绝大多数人的性观念不够成熟。

有两种不成熟的性观念。

第一种是异常害怕性以及和性相关的东西。

露西是个很漂亮的女孩，家住在一个粗俗而不开化的小镇上。为了让女儿免受邻居的骚扰，母亲严格控制着年幼的露西，不让她和性以及与性有关的事情有任何沾染，让她对性产成了畏惧心理。后来露西结婚了，婚后多年她一直无法和丈夫过性生活。她的丈夫非常耐心地尝试过各种能想到的方法，但是露西却越来越畏缩，身体上和心理上都越来越恐惧。意识到自己不是一个好妻子，她有一种罪恶感，觉得自己不是一个完整的女人。后来她患了一种非特异性的肠应激综合征，一度住院长达一年之久。

另一种完全相反的性观念是把性当作人生最重要的事情。

达莲娜出生在一个粗俗、随心所欲的家庭。在家里，达莲娜所听到的全是黄色笑话。孩子看黄色碟片爸妈也从来不管，她妈妈的黄色杂志也是看了就随处扔。家里的拜访者三教九流，什么人都有，任意对性高谈阔论。

达莲娜还没有到恋爱年龄，她妈妈就带她去参加舞会，并把她介绍给男孩子。达莲娜早早就怀孕了，并且之后不断换男朋友。到目前为止，她也才35岁，惹上的麻烦却够她烦恼一辈子的了。她不停地抱怨这抱怨那，也已经成了医院的常客。

成熟意味着不与人为敌

有些人喜欢与人为敌，把愤怒、仇恨、残忍和好斗当作一种力量。其实不然。这些都是孩子气的心理，是不成熟的表现，是软弱的标志，是畏惧和挫败的证明。

爱挑衅的幼稚男人

还是孩子的时候，人们在这个世界里还软弱无助，缺乏安全感，需要依赖他人。一旦欲望得不到满足，他们会表现出愤怒、仇恨、好斗，甚至还会变得残忍。成年以后，很多人还是没能摆脱这样的心态。他们依旧残忍好斗，因为他们仍然很软弱，需要依赖他人，而且没有安全感——其实没有学会坚强。只有强者才是真正温柔的。那些通过残忍、挑衅和争斗的方式篡权夺位的人其实很软弱，他们只是被误以为是强者，是成熟的男人。

如果人们普遍认识到这种人事实上极端孩子气，根本没

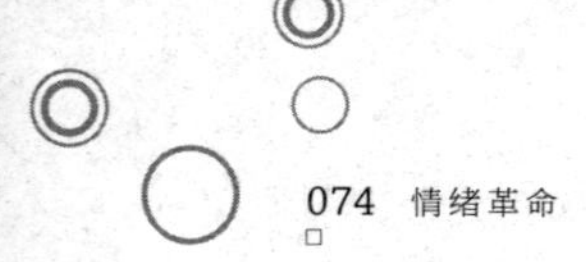

有能力去领导整个人类的事业，那么趁他还没有造成更大的损失之前，那个国家的公民就会否决他，赶他下台。20世纪人类所遭受的大多数灾难都是这类领导人造成的。美国也有这种人，然而幸运的是，在我们国家，这种人没法篡夺政权，但是他们是一个潜在的威胁，我们不能放松警惕。因为这么多人没有摆脱掉与人为敌的本性，因此我们这个时代真正的危险是人对同类的残忍。

麻烦制造者

伯特就是这样一个人，他看起来很亲切，绝对不是那种会给人带来危害的人。伯特的一个老板告诉我，他来到部门之后，一些职工开始有不满情绪，搞破坏，有人对这对那不停地发泄不满。情况越来越糟糕，于是老板不得不对煽动者进行调查。

结果发现煽动者竟然是伯特。他以一种安静、亲切的谈话方式向其他雇员发表看法和建议。他把钓钩隐藏得太好，采用的方式太狡猾，以至其他雇员都没有发现伯特在向他们灌输敌意的思想。伯特被解雇后不久，那个部门很快就恢复了以往的平静。伯特其实一直情绪不佳，而我怀疑他以后也不会好起来。

很多女人嫁给了肌肉发达但是思想却不成熟的男人，从此生活在痛苦之中。这些女人活得简直比下十八层地狱还痛苦。通常这些丈夫外表彬彬有礼，气度不凡而且举止绅士，会给其他人留下很好的印象。

那些妻子会说："其他人根本不知道他在家里有多么冷漠无情。"

这些男人患上情绪性疾病实在是活该，但是他们妻子患上情绪性疾病就很冤枉了。

成熟就是能分清现实与虚幻

孩子常常会把想象当作现实，也不会试着去区分两者。即使去区分，也不会给他们带来任何好处。然而，如果到了应该负责任的年龄，他们却仍然分不清现实和虚幻的差别，就会有一大串的烦恼和麻烦，最终情绪糟糕，活得很悲惨。

一种常见的幼稚心理

这种不成熟的人多得吓人。某人对别人无端猜测，然后开始制造谣言，恶意中伤，最后这种谣言就被人们当作事实了。

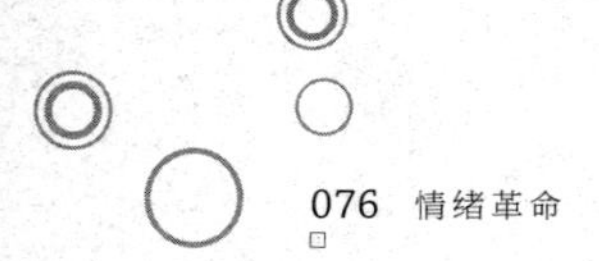

一个自私、虚伪、卑鄙的政客会制造假象，向外界表明立场，痛斥极权主义，一大群真诚却幼稚的选民就会被这种假象蒙蔽。有些人会向世人宣布他从上帝那里得到的谕示，并努力使人们信服。宗教冲突和造成分裂的仇恨大多毫无根据，只是基于一些荒谬的言论。就我所知，宣称得到过上帝谕示的人都是精神分裂症患者。

沉溺于幻想，杞人忧天

这种类型的人尤其值得关注。调查发现有些人将从未发生的事情当作事实，为之忧虑不安。这种人活在糟糕透顶的虚幻世界中，但是那并不是一个真正的世界，因为它根本不存在。

事实上，现实世界是充满快乐和趣味的，任何事情都能让人心情愉快。但是那些不成熟的人却老是幻想这个世界很糟糕，等待他们的都是悲惨的结局。白天他们也害怕一人独处，因为他们认定会有什么不幸的事发生，虽然他们不知道到底会发生什么。他们像孩子一样，也会一直这样下去，他们没有长大，把想象当作现实。很多病人通常都属于这种类型。

比如，有个妇女在仓库里卸载干草，忽然想，“说不定草堆里有一条蛇”。农场还从没有出现过蛇，但是因为有了这样一种幻觉，她就不断想象着如果有一条蛇会发生什么情况，想象着一些毛骨悚然的细节，直到她确信干草里真有一条蛇，那之后她再也不敢进草仓了。

另一个60出头的女士来到我的办公室，这样向我抱怨：“我知道你会嘲笑我，但是我的胃里真的有一条蛇，它在我的胃里已经有好几个月了。我总感觉它在咬我，让我痛苦不堪。”

从其他任何方面来说她都很正常，但在这一点上却很不清醒，病情比任何人都严重。

你肯定想知道这个故事的下文。任何检查，包括照胃镜都没法让那位女士相信她的胃里确实没有蛇。最后有位医生出面了，他略施小计，拔出胃镜时顺手从口袋里掏出一条袜带蛇，说道，“啊，上帝保佑你，你的胃里真的有一条蛇，你看，我取出来了！”

“看，”那位女士激动地说，“我就说嘛，我胃里真的有蛇，没错吧？”她终于松了口气，感觉好极了。三个月之后，她又来到我的办公室，说：“我的胃里又出现了一条

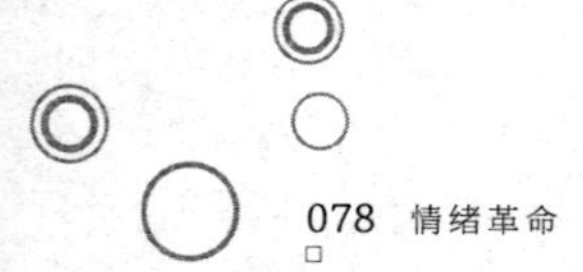

蛇。”那已经是冬天，那位聪明的医生没法找到蛇。于是夏天来临之前，那位女士只得带着她的“蛇”去往别的诊所。我不知道她的胃里是不是还有蛇，搞不好已经下了蛋并孵出了小蛇，那样她的整个消化道里满是蛇了。

灵活变通是成熟的重要品质

如果一个人在面临困境时不懂得灵活变通，不会调整自己以适应不断变化的生存环境，那么在这个多灾多难、变化无常的世界里，他就不可能生活得很快乐。

灵活变通可能是成熟的人最需具备的品质。当生活环境一如既往的艰难，当我们所拥有的一切忽然不复存在，要避免坏情绪和情绪性疾病，我们必须学会灵活变通，面对命运的狂风暴雨不屈不挠，在新环境下勇敢地开始新生活。只有具备这种品质，一个人才不会在他的基本需要得不到满足时心烦意乱。反之，一个人就会烦恼不断。波丽安娜[①]就是会灵活变通的典型例子，她很乐观，能从所有不好事情中看到好的方面。至今，波丽安娜系列丛书已经出了十五六本。

---

①《波丽安娜》：美国著名童话，其作者是埃莉诺·霍奇曼·波特（Eleanor Hodgeman Porter，1868—1920）。该书塑造了一个乐观向上的女孩形象，因此波丽安娜也早已成为乐观的代名词。

另一个简单的事例是：有位妇人，老公是个酒鬼，但她决定不为这种情况痛苦悲伤，而是努力让自己和孩子都生活得很快乐。

还有一种生活方式就是吸取经验教训，保持着向前看的态度，期待未来会更美好。

成熟是一种态度

毕竟，成熟是一种态度，是在认识自己和认识世界的过程中慢慢形成的。但是这种态度不是与生俱来的，需要通过学习才能获得。这些态度决定了我们生活得快乐或者悲伤，健康还是疾病不断，因此是人生的必修课。

每个人都要这样扪心自问：“我到底有多成熟？在哪些方面依旧不成熟，要如何改进呢？”这是很有好处的。许多人觉得人到三四十岁甚至到五六十岁才可能完全成熟。其实并不是这样，要变得成熟，人们只需知道自己该学习什么，并要有学习的欲望。

一旦人成熟了，心态自然就平和了。

本章小结

人们有着情绪压力和情绪性疾病并不是因为众多的麻烦，麻烦人人都有，只是这些人不懂得如何处理。

我们所说的成熟是指积极地应对人生不同阶段的各种问题，换句话说，就是尽量让自己多点快乐、少点压力。

成熟意味着保持心态平和，即使情况令人忧虑、焦急、恐慌，还能保持镇定、勇敢、坚定和愉快。

不断学习才能让人们变得成熟。不幸的是，至今还没有一个地方可以教人们变成熟，学校和家庭都表现得太让人失望。

成熟包括具备以下品质：

1. 有很强的责任感和独立性；

2. 多付出少索取；

3. 不以自我为中心，不争强好胜，学会合作，有团队精神；

4. 认识并接受社会对性的约束，将性看作幸福婚姻的一部分；

5. 认识到敌意、愤怒、仇恨、残忍和好斗都是软弱，温柔、善良的人才是强者；

6. 有能力区分事实和幻想；

7. 灵活变通，面对无常命运。

第七章　其实，提升情绪自控力很容易

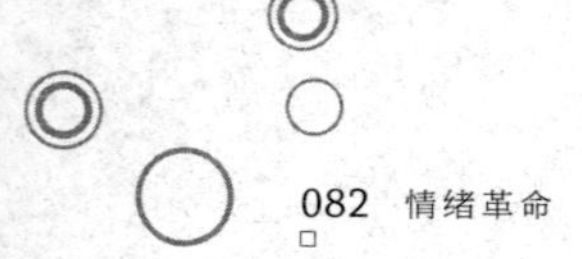

我们每个人都会有不成熟的一面，也会有情绪压抑的时刻。

但我们不必自责，我们是环境的牺牲品。从来没有人教过我们如何变得成熟，如何获得平和的心态。我们学过的东西没有教我们如何平衡自己的心态，能让我们平衡心态的东西我们却没有机会学习。

至少有一点是肯定的：我们无法让一切从头再来，然后再慢慢改变自己。如果我们要改变自己，就得从这一刻开始，从解决我们所面临的问题开始，从摆脱困扰我们的负面情绪开始，没有别的办法。

精神压力纠缠不休，时时让我们疲惫不堪的时候，正是我们需要改变自己的时候。如果有人对你说："嘿，兄弟，别那么愁眉苦脸的！"但你所面临的麻烦事却是堆积如山，让人头晕眼花。在这样的情况下，想要获得平和的心态，简直是让你在湍急汹涌的河里学游泳！

但事实上，摆脱情绪压抑，达到情绪平衡是很简单的事，这个过程还能让你身心愉悦，你甚至可以在一夜之间变得成熟起来。

实际上，你现在就可以开始了！

有意识地调整自己的心态

停下来，静心地想一想。

假设亨利·史密斯学习了如何拥有平和的心态，他与别人会有什么不同呢？答案如下：

亨利会在遇到麻烦时冷静地思考并保持平和的心态。而同样情况下，毫无经验的山姆·琼斯就会胡思乱想，产生忧惧、气馁及各种消极情绪。

因为接受过系统学习，亨利·史密斯会不自觉地运用健康的思维方式，对负面情绪做出适当反应。如果了解了他的思维方式以及心态，不用接受任何训练，我们也能像他一样随时调整心态，处理好各种麻烦——也就是说，要有意识地

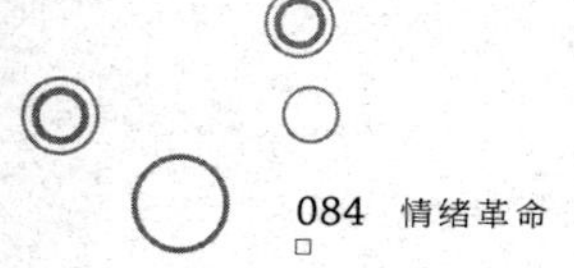

保持平和的心态，冷静的思维，并随时运用。

运用正确的方法

你要时刻关注自己的情绪，就好像你站在一个小小的瞭望台上俯视着一切进入你思想的东西。你必须对一切了如指掌，并且在情绪压力产生时迅速反应。

当自己情绪压抑时，你就要保持平和的心态，并冷静思考。这样，你就能够像亨利·史密斯那样成熟、平和。

这种行为被称为有意识的思想控制。任何人都可以做到。比如，你坐在椅子上，专注地想你去年的暑假或者今年的暑期安排。你可以随意地想任何东西。

现在，试着想想任何快乐的事情。怎么样？这并不是骗人的吧？

下一步我们要学习的重点，就是如果要变得成熟、平和，我们该怎样思考，思考些什么？第一眼看上去，这个问题好像很复杂。然而，幸运的是，心理学家和精神病学家们已经解决了这个问题——他们还用简单易懂的术语表达了出来。

不过，不要误会。我说的是“简单易懂”。事实上，要调整好心态并不那么“简单”。很多时候你需要给自己施加压力，促使自己努力。但是，因为这涉及你如何成熟，涉及你的幸福和健康，你的努力绝对值得。

那么，让我们开始吧。

我们要怎样调整心态？

坚持信念

你要坚持这个信念，让它像个大大的指示牌一样悬挂在你生活的舞台上方：

现在开始我要一直保持冷静的思维以及平和的心态。

牢记这一信条，一遍遍地对自己重复，你就不会忘记：“我要保持冷静的思维和平和的心态——就现在。”

生活中不论遇到什么情况，你都要坚持这个信念。

当然，每天总会有这样那样的麻烦让你气馁失落。这时你就要对自己说：“哇，伙计，现在我们需要一点点冷静和平和”。

然后，你必须用一种健康的心态——一种包含着平和、勇气、顺从和决心的积极心态——来替换你不健康的心态——一种包含恐惧、忧虑、懊悔、失望及挫败感的消极心态。

用积极情绪替代负面情绪

刚开始你可能会发现，在你调整好心态以前，你就已经陷入负面情绪中了。但只要你坚持不懈，以后你甚至可以预防自己因压力而情绪低落。

任何时候，当你想起这个信条："我要保持冷静的思维和平和的心态——就现在。"你就要停止那些会产生压抑情绪的想法，然后，想一些愉快的事情。遇到麻烦时，每个人都有自己独特的方法来振奋情绪，而且这些方法往往非常奏效。

我的一个病人学着吹口哨来缓解情绪，很快他就可以在口哨声中让自己重新充满自信。另一个病人有一副好嗓子，很喜欢唱歌。她发现只要一唱歌，心情就能马上好起来。还有一个病人学会了通过发掘自己的优点来调整情绪。此外，有人告诉我他总是会做一些计划去体验新事物，当情绪低落时，他就想想这些，让自己高兴起来。

以上都是用来转换情绪的有效方法，能帮你很好地应对那些小麻烦——麻烦虽小，加起来也够你头疼的了。

解决麻烦事

小麻烦其实很容易解决，只要你记得：“我要保持冷静的思维和平和的心态——就现在。”然后有意识地振奋精神，用积极的心态缓解压力很重要。因为麻烦虽小，如果每次我们都深陷其中不能自拔的话，也足够让我们的情绪紧张直到患上情绪性疾病了。很多病人就是因为没有处理好这些小麻烦而压力重重。但在我们看来，其实事情根本不必走到那一步。

身处顺境时，务必让自己觉得快乐

如果你生活美满，一帆风顺，那么，请务必让自己觉得快乐。时刻保持平和积极的心态，然后尽情享受生活。生活可以很美好，只要你愿意。

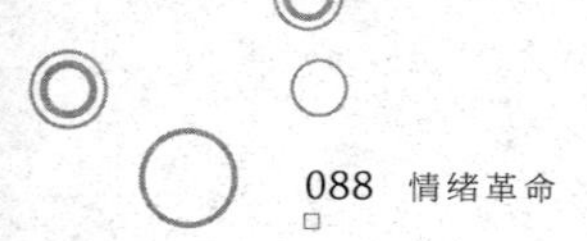

身处逆境时，要尽可能表现得开心平和

每个人都不可能永远一帆风顺，都会碰到大风大浪，你也不例外。假设你妻子病了，求医无门（事实上，你根本负担不起医药费），孩子们乱成一团，同时你的工厂马上就要倒闭了，债主们又追着你不放。这样的话，亲爱的朋友，简单地转换情绪是没用的。

你要做到以下几点：

1.首先，要尽可能表现得开心平和，用一点小小的幽默来化解尴尬气氛，甚至自嘲都可以。

2.不要反复想着不幸的事。别发脾气，不要气馁，也不要歇斯底里。首要一点，不要自怨自艾。

3.凡事做好计划，从每一次失败中吸取教训。时刻记得最大的成功，就是你能保持勇往直前、平和愉快的心态。那样，每个人都会钦佩你。

4.努力拥有以下几种品质：

平和——“我要保持冷静”

顺从——“我要冷静地面对挫折”

勇气——“我还能承受更多”

决心——“我一定会转败为胜”

愉快——“我要能屈能伸，但我不会被打败”

善意——“我要与人为善”

两个男人的故事

你应该了解一下这两个人：山姆是心情压抑的典型代表，而另一位则是情绪平和的典范。

山姆：忧郁王国的国王

如果你能进入山姆的世界，将会发现这是个梦幻世界。山姆生活中唯一的缺陷就是他自身的情绪压力。不过要提醒的是，需要对此负责的不是山姆本人，而是他那糟糕的家庭环境。

山姆从父亲那里继承了一个不错的农场。同时，也从父亲那里继承了作为“成功人士”惯有的通病——爱发牢骚。我并不认为这种爱抱怨的习惯是遗传得来的，那只是长期生活在一个人的阴影下，潜移默化形成的。

除此之外，山姆从来没有经历过任何磨难：没有遭受过

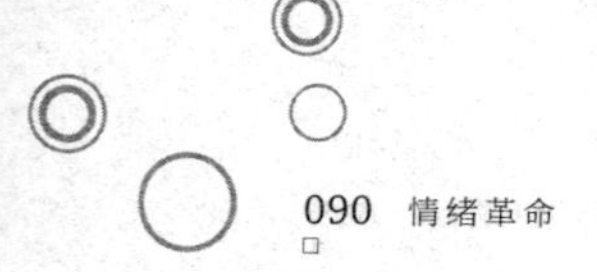

经济上的损失，没有遇到过家庭变故，也从没有受到过命运的不公正待遇。然而，他的生活却好像已经到了几近毁灭的边缘。

在山姆的世界里，阳光从来没有灿烂过：“有的人一买股票，股票就涨；有的人结婚了，妻子就像个公主。而我，怎么做什么事都倒霉呢！”

我曾经问过山姆的家人和邻居，他们有没有听山姆说过愉快的、充满希望的话，他们都说从来没有听过。哦，对了，我差点忘了，山姆的妻子想起在他们结婚的第一年山姆好像说过几句好听的话，可那是很久以前的事了，她也不是太肯定。

为了弄明白山姆的个性究竟是怎样的，七月的一天，我开车去了他的农场。那时，正是收割燕麦的时候。他有60亩地的燕麦，那是你所能想象得到的最好的燕麦。我说：“山姆，你这一地的燕麦可真不错呀。”可山姆神情黯然地回答道：“是啊，可是风会在我收割前吹倒它们的。”

事实上，山姆在风吹倒燕麦之前就收割完了。在将燕麦脱粒以后，他把麦秸焚烧作了肥料。后来我得知他的燕麦卖了个好价钱。于是，第二次碰见山姆的时候，我就问他：

“山姆，那些燕麦卖得不错吧？”

“哦，我原以为会很好，”他回答道，“但是这些燕麦一定把土壤中的养分都吸收得差不多了。”

又有一年，他种的玉米获得了大丰收，每英亩的收成有165蒲式耳[①]。收割之前，山姆到我的办公室来了一趟。我跟他聊了聊，看看他是不是还一如既往地爱发牢骚。我问他：“山姆，今年玉米的收成怎么样啊？”

山姆说：“太糟了！玉米太多了，我都不知道该怎么收割了！”

十月的一天，我在街上又碰见他了。十月的威斯康星天气总是非常不错，那一天也一样。我以一种自以为很具感染力的热情说道：“山姆，你好！天气不错，对吧？”

可山姆的回答却是：“是啊，不过天气好了，阳光太耀眼，这会让人感觉很不舒服。”

这些都是山姆典型的表现。

① 一种计量谷物的容量单位。

威廉：生活中的国王

和山姆形成鲜明对比的是我的一位邻居。他的帽子很陈旧，外套也残破不堪，但是他的笑容却总是那么真诚，眼神中也总闪烁着愉快的光芒。他的名字叫威廉。

同山姆一样，威廉也从他父亲那儿继承了一大笔遗产。在一次冒险的投资中，他的家产又翻了好几番。威廉尽情地享受着生活，就好像全世界只有他一个人懂得享受似的。

然而，在一个经济非常萧条的年代，银行家们（其中有一个特别坏）设计陷害了威廉，把他踢出了局。据可靠消息说，其实只要这些人稍微手下留情，威廉就可以安然度过这个难关。然而，就是那个最坏的银行家抢走了威廉的所有财产。不过塞翁失马，焉知非福。正因为这样，威廉进入了公共事业部工作。

一天，我在街上碰见他和一群人正在一条沟渠里挖掘。威廉已经60岁了，即使他以前干过体力活，我想那也应该是很多年前的事了。

他看到我时，由衷地笑了笑，说道："你可能会说，你看到一个诚实的人正用他的劳动赚取每一分钱呢。但其实不是这样的。一块钱当中只有79美分是我挖渠赚来的。剩下的时间，我就靠着铁锹，和工友们聊天。不过，这正是上级想要的——他们希望我能鼓舞大伙儿的士气。所以，剩余的那21美分不是我靠铁锹赚来的，而是我靠鼓舞工友们的士气得来的。”

沟渠里的所有工人们都笑了。自从威廉加入他们的行列以后，他们就一直很快乐，他总能让人们快乐起来。

不幸的事再度降临了。他和他深爱的妻子两人同时被发现腹部长了恶性肿瘤。

两个人都做了手术。威廉活了下来，不久就康复了，可是他却失去了他的妻子。医疗费用也花光了他们所有的积蓄。

威廉并没有因此变得悲观。无论何时有人去医院看望他，他总会给人们讲些奇闻轶事，总能给人们送去鼓舞人心的问候。妻子的死一定在他的心灵上留下了巨大的创伤，不过他没有任其无限扩大。他用自己的微笑修补了这个创伤。

后来，他又患上了喉瘤。为此，他又做了好几次手术。我在办公室见到他时，他依然有那么多有趣的故事讲给我听，以至于我也搞不清楚他的身体状况到底怎么样了。不过我知道，他的喉瘤竟然奇迹般地被治好了。

现在，威廉仍然常常出现在镇上，仍然面带着微笑，仍

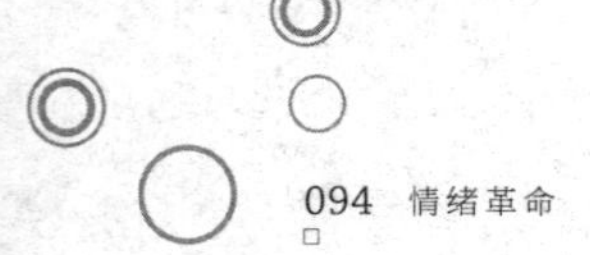

然对一切都充满着兴趣，仍然能让大伙高兴。

一对双胞胎姐妹的故事

前段时间，我恰好和两位女士在芝加哥的百货商店选购圣诞节的用品。这两位女士是一对双胞胎姐妹。

姐姐的丈夫久病在床，她还有个儿子在远东作战。妹妹的生活则平静如水。

姐姐深谙享受的艺术，也就是说，她知道怎么能够做到情绪平和。每一天，她都能让自己过得很充实，很快乐。

当她走进一家百货商店，她会环顾那些充满节日气氛的装饰品，由衷地感到快乐，嘴里还不停地嚷着：“我真喜欢在圣诞节的时候逛商店。所有的商店都那么令人快乐。”

当我们停留在柜台前看某件商品的时候，她就会欢呼雀跃。“嘿！这里的商品真是琳琅满目，应有尽有。我在这里可以买到比罗马帝国所拥有的更好的东西！”或者说：“哦，要是查尔斯看到这个一定会开心得要死！这东西简直太适合他了！”

我们在百货商场的餐厅里吃了午饭。进餐厅的时候，她

说：“我一直都喜欢在这儿吃饭。这里又宽敞又漂亮，做的菜也特别好吃。”整顿饭她都吃得津津有味，临走时还给了服务员一笔小费。

她的妹妹却和她截然不同。当我们每走进一家百货商店——也就是之前提到的那家——她惶恐地看了看四周：“人这么多，太烦了，我真讨厌在圣诞节的时候来购物。”

当我们走到某个柜台的时候，她说：“这儿的东西太多了，你都不知道该选什么好，看得我眼睛都花了。去年我买给查理的礼物他一点儿也不喜欢，我知道他肯定也不会喜欢这个的。再看看价格吧，那么贵，简直就是抢劫。”

在商店的餐厅吃饭时也一样，没有一件事令她感到满意。对于服务生端上来的每一道菜她都会抱怨一番。最后她终于爆发了，只因为服务小姐站在了她面前使她无法进餐。她还和经理大吵大闹，好像这件事永远也没个完。她毁掉了自己的午餐。

第二天，快乐的姐姐依然兴高采烈，准备像往常一样上班。而那位专横霸道的妹妹却病倒了，她得了周期性偏头痛。她还愤愤不平地抱怨：“为什么全世界就我一个人头疼呢？唉哟，我太难受了！”

本章小结

一、练习情绪控制

当你发现自己处于负面情绪之中时，比如担心、焦虑、恐惧、忧虑或气馁，那么请你及时地制止它的蔓延。努力用平和、信心、果断、谦让、乐观等健康的情绪去替代。

二、时时刻刻都要保持这种观念：

“我要保持冷静的思维和平和的心态——就现在。”

三、身处顺境时，务必让自己觉得快乐

四、身处逆境时，要尽可能表现得开心平和

1. 首先，要尽可能表现得开心平和，用一点小小的幽默来化解尴尬气氛，甚至自嘲都可以。

2. 不要反复想着不幸的事。别发脾气，不要气馁，也不要歇斯底里。首要一点，不要自怨自艾。

3. 凡事做好计划，从每一次失败中吸取教训。时刻记得最大的成功，就是你能保持勇往直前、平和愉快的心态。那样，每个人都会钦佩你。

4. 努力拥有以下几种品质：

平和——“我要保持冷静”

顺从——“我要冷静地面对挫折”

勇气——“我还能承受更多”

决心——“我一定会转败为胜”

愉快——“我要能屈能伸，但我不会被打败”

善意——“我要与人为善”

第八章　缓解情绪压力的十二条准则

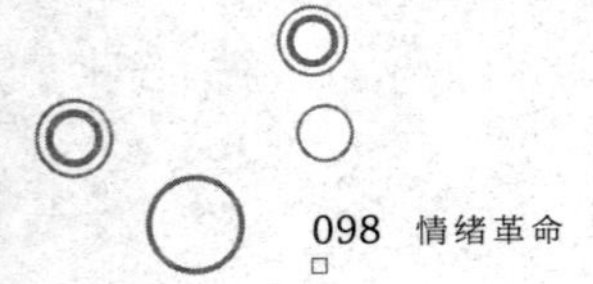

如果你能时刻保持平和的心态，就朝成熟和情绪平衡又迈进了一大步。

面对人生坎坷时，人很容易就产生精神压力，表现得不成熟。所以，你最好在处理问题时制定一个明确成熟的行动计划。困难当前，以下的十二条法则能帮助你缓解压力。

一　享受简单的生活

要对身边的小事保持一颗敏感的心。不要刻意追求不寻常——有钱人和知识分子就常常这样，但他们往往都会失败。

如果你能从身边的事物中发掘快乐，生活就会变成一场奇妙无比的大冒险。

当你望着无垠的天空和朵朵白云，陶醉其中，你看，简单的生活也可以很快乐！门板上奇妙的木头纹理、一盘美味的炒蛋、平常朴素的某某夫人突然穿上了高级服装，人们对此充满了好奇，你看，简单的生活也可以很快乐！

要是能活得像英国塞耳彭[①]的吉尔伯特·怀特[②]，或者像约翰·谬尔[③]、梭罗[④]那样，那该多好啊。他们长久生活在充满声色、气味和风景的美妙世界里。如果能够像沃尔特·惠特曼[⑤]那样生活，每一刻你都会满怀欣喜。

我有幸认识这样一个人，他会因为身边的事物快乐不已。他叫英格利什。

我在上大学的时候遇到了他。那时他已经60多岁了。他

---

① 村庄名，位于英国伦敦西南面汉普郡。

② 吉尔伯特·怀特（1720—1793）：英国十八世纪著名博学家、作家。著作有《塞耳彭的自然史》等。

③ 约翰·谬尔（1838—1914）：著名发明家、生物学家、探险家、自然人文学家。生于苏格兰邓巴，1849年举家迁往美国威斯康星州波蒂奇。著作有《加利福尼亚的群山》《阿拉斯加之旅》等。

④ 亨利·戴维·梭罗（1817—1862）：美国作家、哲学家。著作有《论公民的不服从权利》，散文集《瓦尔登湖》等。

⑤ 沃尔特·惠特曼（1819—1892）：美国著名诗人、人文主义者。代表作有《草叶集》等。

简直就是约翰·巴勒斯[①]，约翰·谬尔和吉尔伯特·怀特的综合体。他享受着身边所有的事物。他的生活非常简单，仅有的需求就是用眼看，用耳听，用鼻闻，用手指去感受。

他从不开车旅行，因为他觉得徒步能看到更多风景。他徒步旅行一英里发现的奇迹，会比别人坐车行一万英里发现的还要多。他认识每棵草，每丛灌木，每棵树。他能叫出它们的学名，也知道它们俗称什么。他知道粉色的仙女鞋花长在什么地方，也知道哪里才能找到水杨梅。他知道印度人拿哪些植物来做食物，哪些做颜料，等等。他甚至知道具体的烹调方法。有少数几个人曾有幸吃过他煮的东西。他们在河滩边烤火，边吃他煮的印度野菜，那真是人间美味啊。

他也认识各种昆虫。那些小虫子们让他惊奇不已。通过仔细观察，他弄清楚了几种昆虫的生命演化史。而这些东西之前从来没有人发现过。他很喜欢鸟类，远远地就能发现并认出那些鸟儿。他认识的河谷和别人所认识的可完全不一样。在这片天地中，他熟门熟路，经常享受着星光和晚上林间的各种虫鸣鸟叫，很自得其乐。

---

① 约翰·巴勒斯（1837—1921）：生于美国纽约州罗克斯贝里，被誉为“美国自然主义文学之父”。主要作品有《醒来的森林》《鸟与诗人》《冬天的日出》等。

他教我哪里有野鹿，哪里有獾，怎样才能骗一只狐狸，让它带我们去它的老窝，还有到哪能找到响尾蛇并抓住它。他也了解地质学、化石和岩洞。

虽然研究这么多东西，他可不是一个老学究，他只是一个总是笑眯眯、有趣的人，他歪歪地戴着帽子，大步流星地走路，尽情地享受着这个世界。在这个世界里，每一样东西都能让他兴致勃勃。

我曾经看见他花了整整一个下午去观察一只跳跃的蜘蛛。当他需要钱的时候，他会去做讲座、写文章。但他对钱的需求并不大，因为他比亨利·福特和约翰·洛克菲勒两个人加起来还有钱！他听到别人的不幸遭遇会笑出来，然后问他们为什么会那么愚蠢，给自己带来那么多的麻烦。对他来说，那些人和植物、鸟儿一样有趣，于是他会带着同样的热情来对待他们。

他身边的人都打心底里爱他、尊敬他。他的妻子总是说，她每天都会多爱他一点——他们已经在一起很多年了。

当然，我们不可能成为英格利什，也不可能像他那样生活。但是，关键是，我们应该培养自己对身边的事物敏感，从中发掘快乐。能做到这样的话，生活就会有一个很大的提

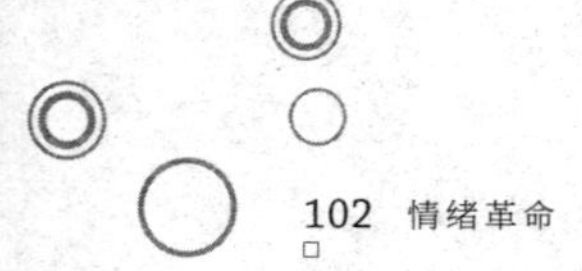

升。善于欣赏身边的事物，也意味着能简单地生活。

现在，提醒你自己，生活就像飞翔，可以飞得很高，但前提是要脚踏实地——翱翔之后又回到陆地，回到真实的世界，这才是真正的飞翔。不要不切实际，脱离最真实的生活。

二　不疑神疑鬼、过分敏感

世界上有这么一类可悲的人：他们总是不可遏制地觉得自己哪里出问题了——而且问题很大。这些人很可悲，永远都疑神疑鬼。他们属于一个庞大的群体——“整天有病一族”。这个群体里的人每天醒来第一件事就是问自己：“我今天哪里有病？”

这些无病呻吟的人最需要我们的同情和帮助。他们变成这样是因为：

1.他们的家长自己喜欢无病呻吟，也给这些可怜的孩子灌输这样的思想：我们的身体只是个壳，里面充满了痛苦和疾病。

2.他们得了情绪性疾病，医生却说是生理性疾病。这些医生要不就是经验不足，要不就是满脑子只想着多收点钱，少花点时间。他们从不为病人着想。

3.一个很有趣的生理学现象：如果我们停下来，问自己："我哪里有毛病？"我们就真的可以检查出一些毛病来。那些无病呻吟的人总喜欢这样检查自己，找到毛病以后就真感觉痛得不行。要把这些小毛病变成大病痛其实很简单，你只要一直注意着那个痛的地方。很快你就会觉得那儿比原来痛了10倍。

无病呻吟的人总喜欢拿纤维组织炎大做文章。这种病其实很常见，典型症状就是肌鞘、肌腱疼痛。纤维组织炎很少会恶化成什么重病。尽管它由情绪波动引起，它也会因为肌肉频繁伸缩，气温湿度变化而恶化。它非常常见，大部分人都有这个病。

有些人，某些部位会常年疼痛，比如我。那些无病呻吟的人喜欢把一点小疼痛都夸大。他们不知道自己得了什么病，所以会横加猜测、忧虑不安；如果疼痛是在胸部，他们会想自己肯定得心脏病了；如果疼痛在头皮上，他们就肯定自己得脑瘤了；如果是在腹部，他们就觉得自己患有癌症，离死期不远了。

在空闲时，花一个小时，把你的注意力集中到喉咙上。

一个小时以后，你就会明白一个疑神疑鬼的病人怎么会认定他的嗓子是塞住了，肿了，发炎了，有痰了，长疮了，还是生癌了——简单来说，就是突发性的大灾难——得了医生们闻所未闻的病。医生努力说服他，说他的喉咙一点毛病都没有，但却被他嘲笑。

现在有很多人生理上健康，情绪上却不健康。他们一直觉得自己有病，而且认定自己治不好了。让人遗憾的是，他们会这样想，某些医生有不可推卸的责任。明明患者是情绪性疾病，他们却诊断成生理疾病。

比如，一个女病人一口咬定自己肚子里有东西。她为此已经动了三次大手术。事实上只是有一个小得不能再小的子宫肌瘤。

有一个不负责任的外科专家告诉她，问题的根本就在于肌瘤，所以只需要把肌瘤切除。但我不这么认为，我清清楚楚地给她解释了病因。她迟疑了一会儿，又回去找那个外科专家了。

那个医生给她做了手术，向她保证手术后不会再有任何问题。她也确实感觉很好。但是开开心心过了两个月之后，她又开始觉得别的地方不舒服了。

这时她想：“上次切除点什么，我的病就好了。这次肯定也一样。”对现在的她来说，更不可能理性地看待自己的病症了。当时我又试着去说服她，但那样的想法已经在她脑子里根深蒂固：她坚信又有哪个器官病变，治不好了。事实上，她从来不指望能治好。她简直就是一只甘心被宰的鸭子，等着下一个医生再推荐她做一个手术。

但有时也不是医生的错。约瑟芬是一个很漂亮的女孩子，她牺牲了自己所有的时间来照顾父母。她曾经的人生梦想都不得不搁在了一边。表面上看起来她很快乐，但实际上，她打心底里厌烦这样的生活。

她有溃疡，所以她借机抱怨不休。她和她父母的抱怨实在是让人受不了，所以她的医生只好同意给她做个手术。到今天，很多年过去了，她还是和以前一样腹痛，这次不同的是她没有溃疡。那个医生又被迫为她做了个手术。他知道这可以把她的溃疡治好，但是绝对除不掉她腹痛的根源——那压抑的生活环境。

从没有人像我们今天这样，被铺天盖地的健康预警淹没。各个电台和电视台不停地向人们介绍新的病症，实际是为了推销一些毫无作用的药物。有些耳根子软的人就会信以

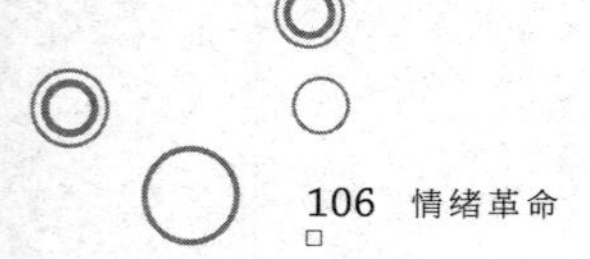

为真，然后跑去买那些名不副实的瓶瓶罐罐。日报和杂志总是大肆宣扬某某综合征会有哪些症状，这样人们就很容易觉得自己确实病了，或者马上要得病。在我们这个时代，公众如此关注和害怕那些疾病，因而也在一定程度上引发了人们的情绪性疾病。

负面情绪会引发各种病症。不管什么原因，只要人们不去关注这些病症，他们就不能说是得了情绪性疾病。但是当他们开始因为这些症状而焦虑不安、自怨自艾时，他们才是真的病了。

我的一个病人是一家大公司的经理。他总是处在很大的工作压力之下。当他着手工作时，会觉得胸闷。但是因为这个感觉不是很强烈，同时他也专注于工作，所以他向来毫不在意。

在一次体检中，他告诉医生他经常胸闷，然后医生对他说，他可能有早期的冠心病。从那时开始，这个可怜的人就被彻底打倒了。他整天神神道道，满脑子想着他的心脏。一开始胸闷，就忧心忡忡。他完全没办法工作了。于是他去全国最好的心脏病专家那做了大量的检查。最后，他终于明白这个胸闷的感觉到底是什么了——焦虑和困扰本身就是他工作中不可避免的。

确认自己的健康状况。有一个方法可以确保你健康。找一个认真负责的医生，然后每年去他那里体检，以保证你完全健康。做完体检后，坚信自己是健康的。如果有任何事情让你怀疑自己是否健康，去找同一个医生。事实证明你的担忧毫无根据的话，不要再继续任何检查。无视医生的诊断，固执地认为自己有病，还不如相信自己是健康的。

疑神疑鬼，整天以为自己有病，会导致情绪性疾病。

三　爱上自己的工作

如果你是个普通人，必须工作以维生，那你就要好好对待你的工作，因为不喜欢工作会给你带来很多麻烦。

不喜欢工作的人会在工作时一直情绪恶劣。那样他很容易患上情绪性疾病。曾经就有人向我抱怨，说他不喜欢他的工作，于是我建议他另找一份自己喜欢的工作。但是我发现往往这样的人另找一份工作后，也不会满意到哪里去。根源就在于他压根就不喜欢工作本身。

很明显，不喜欢工作的人在工作时就会很不高兴。所以，这类人会时不时地找些借口不工作。不工作就没有收入，那时他们感觉会更恶劣。

游手好闲的人不会快乐。有这样一个传说，流传了好几个世纪。传说的大意是一个懒汉整天游手好闲，他很快乐。对于那些累死累活工作的人来说，这样一个快乐的懒汉多让人羡慕啊。所以，他受到了很多关注，多得有点过头。但是，他只是个例外——绝大多数游手好闲的人都过得很悲惨。我认识的25个懒汉中，只有一个人无忧无虑，非常快乐。而且他精力充沛——只不过他的精力都花在了毫无建树的地方。

除非你希望自己去世时还在坐牢，或者贫困潦倒，不然你最好说服自己去喜欢工作。对工作的厌烦会给你带来各种麻烦。

当你还年轻，还不是太固执时，要让你喜欢工作很容易。所以，你可以试着一直对自己说：你很喜欢工作。早上起来时，你可以像泰山①那样用拳头捶捶自己的胸，然后大声喊："加油，工作！来吧，工作！"这样做，你会非常快

---

① 泰山：美国影片《人猿泰山》中的主人公，一个动作敏捷、充满活力且体格健壮的男子。

乐。反之，可就不那么愉快了。

高中生或大学生常常会苦恼以后要选择什么样的工作，或者什么样的工作适合自己。其实做什么样的选择并不是那么重要。每个人都可以同时适合好几种工作。有些人甚至能在任何工作上都成功。关键就在于那个人想要工作。带着这种心态，他可以成为一位好医生、一个优秀的水管工，或者一位好老师。而如果相反，不管什么工作他都肯定做不好。

一个人如果喜欢工作，享受工作带来的成就感，并在为社会做出一点贡献时感到高兴，那他总能在工作时给自己，也给老板带来快乐。

喜欢工作的人，即使工作量超负荷，也很少会得情绪性疾病。他根本没有时间“思考”。这里的“思考”是指反复想自己有哪些麻烦事。这本书的前面我提到过，在我的家乡，那些农妇们从来不会得情绪性疾病。她们要照顾很多个孩子，要看家，同时还要干农活。所以她们根本没有时间“思考”或生病。就像一个整天无所事事的病人所说：“我一直都没事，直到我开始思考”。

工作就是治病良药。喜欢工作能很好地预防情绪性疾病。

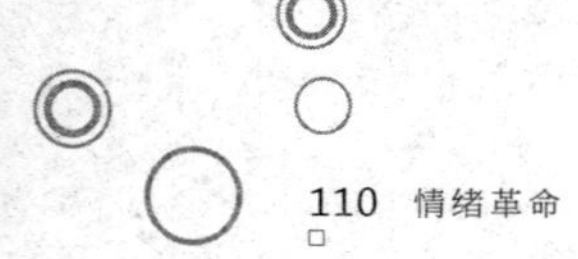

四 健康的兴趣爱好

除了工作以外，一个有创造性的兴趣爱好绝对会让你生活得很快乐。人的两大基本需求就是对新体验的需求和对创造的需求。一个好的爱好能同时满足这两种需求。

如果没有兴趣爱好，我们的业余时间会变得空洞无趣，也就很容易让我们去想自己的麻烦事。

兴趣爱好可以有无数种，我就不一一列举了。总的来说，我觉得创造性爱好要比收集性的爱好更让人满足。但是收集性的爱好也不坏。

我记得有一个病人，是一位70多岁的老太太。前半生的40多年间，她总喋喋不休地讲着她的腹痛有多难受。她可以几个小时滔滔不绝，讲她怎么去寻访那些全国最好的医生；哪个人做了什么，哪个人讲了什么，哪个人又试了什么；然后她的腹痛还是治不好，甚至继续恶化。每一次讲述她都会添油加醋，好让故事听起来有点不一样。但即使这样，她的家人还是觉得越听越老套，没意思。为了不听那些倒胃口的故事，他们甚至故意避开她。这样，老太太的长篇大论里又多了一项谈资——家人疏远她。

终于有一次，在她重复那个老掉牙的故事时，我插进了话："你为什么不给自己找一个爱好？"

那时她没有回答我——又继续她的论调，讲她的悲惨遭遇。但是，让我惊讶的是，两个礼拜以后她打电话给我说："我有了一个爱好。"

"很好，"我说，"是什么爱好呢？"

"收集纽扣。"她说。

"收集纽扣！"我当时的第一感觉就是吃惊。但从那时开始，我看着她慢慢收集各种各样的扣子。我自己都跃跃欲试了。这个爱好给这位原先病怏怏的女士带来了快乐。事实上，它让她变得可爱起来了。

那之后，她经常出去搜集纽扣——往往要花上好几天。一找到扣子，她就把它们分门别类，粘到卡片上，再挂到卧室的墙上。现在，每当有人来拜访她，她发现自己更想谈论那些纽扣，而不是自己的肠道病。老太太的家人也都回来了，也对她的扣子兴致勃勃。

有一天，这位老太太到麦迪逊市去找威斯康星州的州长。我记得那个时候的州长还是高德兰先生。他当时84岁，而她74岁。当她见到州长时，她说："州长先生，我到这里来，是想向您要您衣服上的纽扣，好加到我的收藏中去。”

“我很愿意给你一个，”州长回答说，“但我没有什么东西来剪我的扣子。”

老太太一早就料到了这种情况，于是从手提袋里拿出一把剪刀，递给了州长。那位让人尊敬的老先生最后把他衬衫和外套上的纽扣全剪了下来。

他把纽扣递给了老太太，说道：“给，女士。我还想再多给你点，但恐怕我要回家去拿了。”

五　学会满足

如果你被人忽视、被人欺骗，或是你对什么事力不从心，那么，你有理由抱怨。但是如果一切已无法改变，生气郁闷显然没有一点好处。

比如，有这样的一个人，他整天因为这样那样的事心烦气躁，连天气不好都要抱怨一下。因为他整天只懂抱怨，他感觉就像活在地狱中。悲剧就在于，这些根本就没有必要。

你还记得在圣诞节和我一起去购物的那对双胞胎姐妹吗？她们其中一个很容易满足，看到什么东西都喜欢；而另一个，却事事都要鸡蛋里挑骨头。

一个家庭中，如果父母总喜欢争执不休，那他们的孩子也会不知不觉养成事事抱怨的习惯。

还有一些人是因为别的原因才养成这种习惯。艾伯特是一个笨拙“奇怪”的小男孩。别的孩子总是喜欢让他来当替罪羊。慢慢地艾伯特就开始怀疑、讨厌周围所有的人。他不喜欢别人喜欢的东西。时至今日，他对任何人、任何事都很厌恶，除了他自己——他做什么事都会不自觉地自我保护。

另外有少数人，因为曾经遭遇不幸而习惯抱怨。他们天性软弱，所以战胜不了自己的不满情绪。这种情况多发生在嫁错老公，或娶错老婆的人身上。他们的生活就像柠檬一样的酸苦。被绑在这样失败的婚姻上，这些人却没因此气得发疯，真不能不让人赞叹啊。亨利曾经告诉我秘诀在哪儿。亨利说的肯定有道理，因为他自己就有一段失败得不能再失败的婚姻。“嗯，秘诀就在于此，”亨利说，“要培养自己去欣赏‘柠檬’的味道。”

如果我有钱能给什么人树一座雕像的话，我肯定会选亨利。在33年的痛苦岁月中，他被生活无情地打击。但是，他却一直保持平和的心态，带着一颗善良的心，给予人们温暖友善

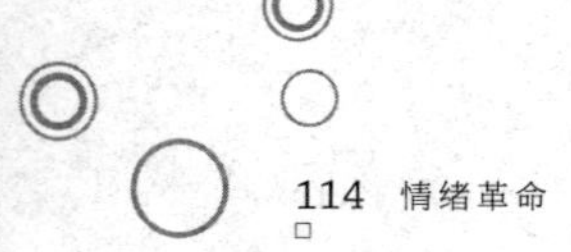

的笑容。我觉得以前的那些圣人们连他的一半都不及。这个世界上还有很多像亨利那样的人，他们就像花儿开在某个角落，在荒凉的地方美丽绽放，却没有人欣赏。我希望有一天我能有足够的钱来建一座雕像，或者一群雕像来赞扬他们。

喜欢抱怨的典型例子

我的一个年轻女病人因为情绪性疾病不得不住院治疗。她的生活一团糟，根本问题就在于她对自己生活中所有的东西都不满意。她毕业于东部一所非常优秀的学校，毕业后做了秘书，拥有一个人人艳羡的工作。后来，第二次世界大战爆发了，也因为这样，她结识了一位年轻英俊的军官——那位军官那时常常出入她的办公室。

他们俩结婚了，到第二次世界大战结束时已经有了两个孩子。对所有人来说，噩梦结束了，除了她。她生活在一辆房车里，在那里养育着她的孩子。很快她又有了第三个孩子。

我第一次接到电话去见她时，她躺在床上，那位军官站在车的另一头，痛苦地紧握着双手。她含糊不清地对我说话，说的那些事让她的丈夫痛苦得手都捏白了。她说她不喜欢做家务——一点都不喜欢，而且她不喜欢生活在房车里，或者在房车里做家务，在房车里养孩子太恶心了，而且（这点她没有明说，但是暗示了）她不确定她是不是喜欢房车里的丈夫——还有，她很希望自己那个时候没有嫁人，而是继续做她的工作。

通过几次谈话，我了解到，她的反胃和头痛一直治不好，所以，她总喜欢抱怨。她接受意见去住院仅仅是因为这可以让她逃离那辆房车。我没有给她看病，而是命令她（我们那时已经很熟了）去图书馆取四本《波丽安娜》[①]系列的书。

现在很多人肯定会觉得这些书很愚蠢。但是他们这样说，往往都是因为他们像艾伯特一样厌恶一切。他们根本不了解这些书。不管怎么样，这位年轻的女士看了这些书。我什么都没有说，可她开始喜欢医院了。

有一天早上，她主动要求我给她诊断。我就知道她已经好得差不多了。她说："我一直在思考，或者说试着去思考。天哪，我多蠢啊。我居然不满要做家务，不满要在房车里养育孩子，不满我的丈夫，只因为他不能提供给我更好的条件；我还不满我不再拥有好工作。

① 《波丽安娜》：美国著名童话，作者是埃莉诺·霍奇曼·波特（1868—1920）。该书塑造了一个乐观向上的女孩形象，因此波丽安娜也早已成为乐观的代名词。

“好吧，医生，我一直在想——我真是个蠢人。我改变不了这一切，至少现在还不行。你和波丽安娜赢了。我究竟为什么要这么悲观呢？其实在房车里做家务更容易。如果贾德和我不喜欢窗外的风景，我们还可以把房车开到别的地方去，找一个更好的风景。

“至于在房车里养育孩子，孩子们住在房车里，就随时可以到广阔的野外活动。这些在第33街可找不到。我要开始为未来打算，好好努力，这样以后我和贾德就能拥有我们都梦寐以求的小房子。还有——上帝保佑——我不会拿这一切去和别人换任何东西，即使是世界上最好的工作。”

你看，她有了这么一个想法，一个简单的想法，那就是整天抱怨还不如学会满足。她读了所有的《波丽安娜》系列的书。她很快就对生活充满了满足感。她慢慢琢磨着怎么调节情绪，并乐此不疲。其实很早的时候她的“病”就已经完全好了。

就像我说的，她很善于调节自己的情绪。很快她就在自己的小家庭里找到了很多快乐。最后，那对夫妻搬进了梦寐以求的房子。我很喜欢去他们家拜访，看着一个家庭是如此的快乐幸福——在他们知道了学会满足有多重要之后。

要感觉好并不难

关于满足和不满足的问题，有两点要记住：

首先，在日常生活中，学会满足要比事事抱怨容易得多，也让人快乐得多。唯一需要的就是你想要觉得满足。聪明人会懂得这个道理，如果你想变得失落，生活中就会有一个接着一个的挫折出现，但如果你想要让自己满意，生活中也就会出现一个接着一个的快乐。麻烦都是你找出来的。

其次，另外一个防止不满情绪的窍门就是少点欲望，不要又想要这个，又想要那个。当然，这个就回到了我们第一条法则讲的——关注自己身边的事物，让自己的生活简单。我认识一个收入不高，却有一大家子要养的男人。他总是因为渴望一些他买不起的东西而痛苦不已。刚开始，他想要一个很贵的相机。凭着这个强烈的欲望，他拼命工作，终于买了那个相机。但当他有了相机以后，他又渴望要一个动力锯。在买到那个锯子之前，他满脑子想的都是这个。然后，他又必须要买一个钻床。这样的情况一直继续下去。他总是对自己拥有的东西不满意，然后，想要得到更多。同时，他的家庭也因为这个原因，买不起生活必需品。

其实对这个男人来说，追求一些买得起的东西会更快乐。他所受的教育有点缺陷：没有人告诉他其实不花钱也能得到快乐。只要别人稍稍指点，他就可以从身边的事物中发现美。如果他肯花一美元买一本吉尔伯特·怀特的《塞耳彭的自然史》读读，他就能发现一次小小的散步比满屋子小玩意更有意义。

学会满足可以使我们工作更有效率，状态更好，同时生活更愉快。

六　发掘别人的优点

当今世界，人们互为毗邻，地铁站人潮汹涌，高速公路上车水马龙。讨厌人群并试图远离人群很不现实。

厌恶人群的人

这些人讨厌所有的人，讨厌他们从没见过的总统，也讨厌他们天天见到的隔壁邻居。他们从不夸奖别人，有的只是贬低和嫌恶。不成熟的心态让他们自我隔绝。但是事实上，他们必须生活在充满人的世界里。他们和外界接触的程度，取决于他们能从中得到多少好处。

我有一个病人升职了，主管一个6000人规模的制造工厂。后来他病了。在开始的时候，他会突发性地颤抖，四肢无力，头晕呕吐。他和一个助理共用一个办公室，每次他走进那里就会有这些症状。发展到后来，他在家只要一想起办公室，就会头晕呕吐。他的体重也随之下降。因此，他和妻子都觉得他肯定是得了癌症，而且时日不多了。

其实，病症的根源就在于他不喜欢那个助理。他说："第一次见到他的时候，我就很讨厌他。我不喜欢他的发型，不喜欢他吹口哨的样子。我也不喜欢他每次说话都以'听着'开始，然后以'你不知道吗'结束。"

进一步询问以后，我发现他根本不喜欢任何人。他不喜欢他的父亲，不喜欢他的母亲，也不喜欢他的兄弟姐妹。他根本不在乎他的妻子。一句话，他谁都不喜欢。

后来，他试着去发掘那个同事的优点，还带那个同事一起去喝啤酒，竟然就慢慢康复了。

很多人的抱怨都是出于他们对别人的厌恶。我曾经让一个病人把他讨厌的人列成单子，因为他看起来真的有很多抱怨。结果他把纸的两面都填满了。

在单子的最上面他列的是：嚼口香糖的人。"我受不了别人嚼口香糖”，他说，“那让我恨得牙痒痒。”他单子上的第二项是：“我老婆坐摇椅。每次她摇的时候，我真恨不得跳起来，冲下去朝她大吼一通。”他还列了：“我的女儿弹钢琴。”诸如此类。你可以想象因为这些抱怨，他的家庭生活有多可悲。

厌恶别人实质上是幼稚

这种厌恶实际上就是小孩子典型的以自我为中心的心理。这些可悲的人总喜欢躲在自己的壳里。他们从不交朋友，或者刚开始交朋友就放弃了。因此，他们总认为问题出在别人身上，而不是自己身上——他们觉得那些人根本就不懂怎么交朋友。被孤立后，他们就开始自怨自艾，觉得自己受到了不公正待遇。慢慢地忧郁症和深切的自卑感就出现了。忧郁、自卑，再加上对别人的厌恶让他们过得很可怜。

喜欢人们，并积极地与别人分享经历是快乐生活的源头。只有与别人分享快乐——与同事、邻居、家人分享快乐，我们才能真正快乐。根本没有所谓的“个体”存在于这个社会中，因为我们任何一个人都是“集体中的个体”。如果我们国家里所有人，都从今天开始将自己与外界隔绝独自生活，一年以后，估计就只剩几百个人活着了。

有意识地融入人群，并把自己看成是集体的一部分，这是成熟的重要表现。

七　找到生活的美好一面

有这样一些人，他们要么整天默不作声，要么就只会说煞风景的话，弄得气氛尴尬。说多了，还会把别人一整天的好心情都毁掉。这些人往往不是穷人，就是显贵。穷人觉得自己应该抱怨，所以他们抱怨；显贵们觉得自己说的话应该衬托自己的地位，所以他们抱怨税务，抱怨党派之争；他们总喜欢痛斥下属。

其实人生中，适当的幽默比讽刺、挖苦要有益得多。我认识几个经理，他们平常承受着巨大的压力，却仍可以像街上蹦蹦跳跳的小姑娘一样快乐。他们就好像一群相处融洽的小男孩，平和乐观，从不动粗。

多数的企业大亨们却完全不一样。他们整天暴跳如雷，对每个人大发雷霆——一句话，他们让人厌恶。你不必嫉妒这些大亨，亲爱的读者，他们是只懂得张牙舞爪的蠢人。虽

然爬上了高位，他们仍和以前一样可悲。唯一的不同是，在现在的位置上，还要时刻头痛该怎么对付敌人。他们冲别人大吼大叫，只是让自己变成了惹人厌的混蛋。

要保持心情愉快

习惯以好心情作为每一天的开始。你可以在早上醒来时看着你的丈夫或者妻子，然后（虽然有点夸张）说："早上好，亲爱的。你今天看起来真不错。"

你还可以走到窗边，望向窗外，然后，用美妙的男中音或女中音唱道："啊，多么美妙的早晨啊。"——尽量让你的声音能传到街的另一头。如果那天下雨的话，你就充满热情地说："啊，多好的雨啊。肯定能滋润大地。"

这听起来有点蠢，但毫无疑问很值得。让你摆脱负面情绪最简单的方法就是说一些愉快的话，或讲几个有趣的故事。你越懂得开玩笑，你就越不容易得情绪性疾病。顺便说一下，幽默也会让你很受欢迎。没有人会喜欢悲观主义者。大家都喜欢身边有一个幽默的人。

让你的家人觉得快乐

一家人团聚时要注意：要多愉快地交谈。不要因为任何原因在家庭聚餐时抱怨不停。更重要的是，不要让自己的低落情绪感染别人，弄得他们什么话都不想说了。家庭中的愁云惨雾往往会导致日后更加不幸的生活。

一个人要有起码的幽默感。这其中包含了形形色色的幽默。只要用心，每个人都能培养出幽默感。

我们镇上有位牧师很木讷，完全没有幽默感。在别人谈话时，他也总插不上话。他靠下面的方法慢慢改变了情况：每天他都读一个好故事，并记下来，第二天他就把故事讲给别人听。听他故事的人也常常会给他讲一个故事作为回报。如此循环往复，他积累了很多故事。再后来，他随时随地都能讲出好故事，因此他在整个地区出了名。人们一看到他走过来就很高兴。

八　多想想你怎样才能活得最好

很多人都因为遭遇不幸而患上情绪性疾病。他们在一瞬间失去了一切，所以失望、低落，充满挫败感。他们屈服于不幸，根本原因就是他们自私自利、不成熟。即使他们周围的人去世了，他们也只是忙着算计——算计着这个人去世让他们丢了什么好处。

曾经有一个自私自利的可怜女人，丈夫去世以后就整天歇斯底里，情况严重到她儿子都必须放弃学业来陪她。“不然的话，我就要一个人待在这儿了！我不能一个人待着！必须要有个人陪着我呀！”如此云云。她根本没有真正想过她丈夫，也没有想到这会毁了儿子的生活，她想到的只是自己。

你还记得威廉吗？——那个勇敢生活的人。他的妻子因为肠道恶性肿瘤去世了。他自己也是手术后大病初愈。从来没有一对夫妻像威廉夫妇那么恩爱，也没有人像他们那样相濡以沫。

他接受了妻子去世的事实。沉默了几分钟以后，他开始充满感激地谈论一些小事，谈论着他的妻子是一个多么不平凡的人。从那之后，他再也没有提及妻子或者她的死，也从不哀叹自己将要孤独生活。当他出院回到家时，他已是独身一人，但他什么也没有说，没有说自己的生活将如何改变，也没有说那个曾经称为“家”的地方再不会有他的妻子。

我去拜访他时，他还像从前一样，快乐地沉浸在让他着迷的野外世界中。至于他的生活有多大的改变，或者有多空虚，他从没提及。很快他又开始出门，愉快地和老朋友们聊天（每个人都是他的朋友）。

几年后我在办公室附近的街上遇到了他。“哦，医生，你好”，他说，“你好像急着要出去。”

“不”，我回答说，“我不急，习惯而已。我正要去看一个女病人，真不想见这种病人——她的丈夫四个月前去世了，从那之后她一直闷闷不乐卧床不起。”然后，我又感叹说，现在很少有人能像他这样勇于面对不幸。

“这其实并不难”，他说，“如果你一直脚踏实地，当你不能改变什么事时你最好接受它，然后，想想你怎样才能活得最好。当一个男人失去了妻子，或女人失去了丈夫时，到底在伤心什么？其实只是为他（她）自己而难过吧？很多人对这种说法议论纷纷。不过，我看你现在那么忙，肯定没空听我说这些。我以后再跟你说吧。”他笑了笑，就走了。

九　允许自己犯一些错误

在生活中，你不可能总是对的，或者总是做出对自己最有利的决定。但是，总的来说，遵循以下法则，你就可以少犯点错，或至少不犯重大错误。

总对自己的小失误耿耿于怀，还不如允许自己犯一些错误。对小错不能释怀只会让你焦虑烦躁，进而得情绪性疾病。

你做过那么多的决定，但其中只有很小的一部分经过深入的调查和思考。许多决定也都是关于鸡毛蒜皮的事，比如是要买粉色花系列的碟子，还是买镶金边系列的。这些决定都微不足道，所以你不管怎么选择都不算错。

你做决定时要冷静，要从实际情况出发。决定好你要怎么解决这个问题，然后不要再多想。

我的一个病人有严重的周期性纤维组织炎。有时候病得太厉害的话，她就不得不在床上躺好几个星期。什么治疗方法都没用。她是一个很有主见的人，所以我觉得如果我告诉她，她的病是源于一系列负面情绪的话，她肯定会生气。然而，在观察了她一段时间后，我确信她的病就是因为生活中的一些困扰。

让我放心的是，当我正愁着怎样才能让她注意到这些情况时，她主动提出了自己的猜测："医生，我知道是什么让

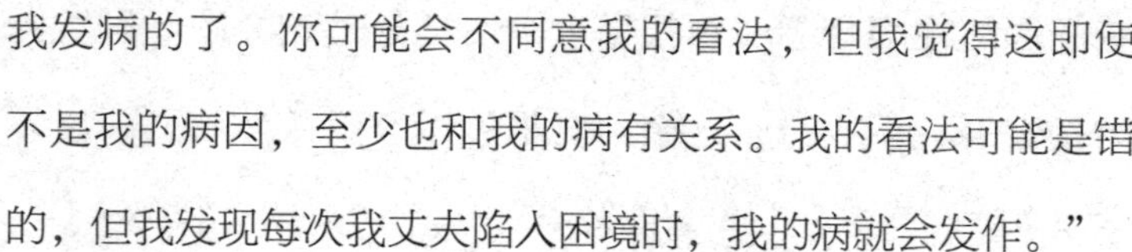

我发病的了。你可能会不同意我的看法，但我觉得这即使不是我的病因，至少也和我的病有关系。我的看法可能是错的，但我发现每次我丈夫陷入困境时，我的病就会发作。”

“你说的完全正确，”我肯定了她的说法，“我正准备要向你说这些。”

“这样的话，医生，”这个可怜的女人问道，“那我该怎么办呢？”

“当然，你应该帮助你的丈夫，也从他那寻求帮助。另一方面，他陷入了困境肯定不会那么快就走出来。所以，每次当他情况糟糕时，你就要想好你要做些什么。然后，别再去多想。过去，即使你知道了问题的解决方法，你还是会在脑子里一遍一遍地想这件事，这就是病症的根源。”

刚开始她觉得有些艰难。但是，慢慢地她发现要做到这些越来越简单。终于，面对重大问题时，她不再害怕，也能做出正确的决定。她也不再有生理病痛，当然更不会有严重的炎症了。

不能解决的问题

生活中我们有时会面对一些根本无法解决的问题（这

些问题往往很棘手，也很重大）。要处理这样的问题关键就是告诉我们自己：这个问题根本没有解决方法，所以不要再多想。

有这样一位K女士。因为丈夫酗酒，天天喝得烂醉，她带着孩子过得很痛苦。她用尽了所有方法想让丈夫戒酒。但是，那些方法都只能产生短期的效果。她不愿意离婚，所以整个家庭一直都被愁云笼罩。

然后，有一天，她做了一个重要的决定。

她对自己说，“我不能再奢望他会戒酒了。从现在开始，我不会再为这件事折磨我自己。当然，我会好好照顾他，但是，我不会再为他担心。以后的日子我要努力让自己和孩子都过得开心。”

面对这个问题她及时调整了自己的心态。

她承认了他的问题是没有办法解决的，所以，再为这件事担心烦恼也没有用。

她的调整和努力创造了奇迹。她变成了一个全新的人。孩子们也不再愁容满面，而变得自信快乐。

十　抓住现在

改掉坏的情绪习惯不会、也不需要很复杂。把它想得简单点，浓缩成一句话就是：保持平和的心态和冷静的思维——就现在。

我们必须每一刻都尽量过得开心。

有些人总是活在期望中，把希望寄托于未来，完全忘记了要过好现在的每一刻。

一个男生在高中时期待大学生活，在大学里，他又渴望着成为工程师，当他成了工程师以后，他又觉得和玛丽结婚，拥有一个家才会快乐，然后，他就这样一直继续期待着……

终于有一天，突然之间，更多的期望也不再让人快乐。这时，人就会开始改变想法，显得衰老，毫无斗志。也就是在这一刻，人们不再幻想未来，而开始怀念过去的美好时光，而那一切早已过去。

为未来打算，但不要沉溺其中

我们都要为将来做打算，但是，不能沉溺在对未来的幻想中。除了必需的计划以外，持续不停地幻想只会带来焦虑、恐惧和忧郁。

愚蠢的人会整天担心将来爱情、事业、健康、孩子，甚至死后会怎样。但其实，担心未来并不能改变什么。大部分时候，我们只是在为一些没发生的事浪费时间而已。

要有一个光明的未来，就必须抓住现在这一刻。然后，积极地工作、思考，并帮助别人——就是现在。如果你懂得怎样珍惜现在这一刻，你的未来会更美好。

十一 做好计划，体验新事物

人的基本心理需求之一就是对新体验的需求。没有新的体验，生活就会很乏味单调，像例行公事。

总是期望着新的体验，会让你的生活充满活力。所以，你应该多做一些这样的计划。这可以是一天的出行，可以是星期天花半天做某件事，或仅仅是在你的帽子上插一根新羽毛。除了某些特殊情况以外，你的计划不必很详尽。因为重点是，那些是你一直期待的新体验。

新的体验会让你身心愉悦，计划也一样。我常提到的那个巴尼·奥兹，他在生活中遭遇了一个又一个灾难，却仍然

保持着平和积极的心态。最后他病了，在床上躺了三个月。又后来，病情复发，他又躺了整整一年，但他从没抱怨过。

我曾经对他说："巴尼，总躺在床上不烦吗？"

巴尼笑了，很真诚地说："不烦。我胃口很好，而且每天我都抽一支很好的雪茄，这样的生活很美好啊。"

被限制在床上的巴尼，比那些度假的人更会享受生活。他喜欢计划着去世界各地旅行，去西藏，去冈比亚岛①、塔斯马尼亚等地。他会写信给旅行社索取各种旅游信息。他也会向图书馆借一些旅游类图书。在每次"旅行"的最后，他都对那些地方了如指掌，就好像真的去过一样。有一家旅行社怕失去巴尼这个客户，还特地派了一位代表去看望他。从那之后，那家旅行社经常给巴尼寄去各种门票复印件，来帮助他完成他的"旅行"。巴尼也因此更加自得其乐。

十二　不要轻易动怒

日常生活中，只要你愿意，总会有这样那样的麻烦能让你动怒。但一般情况下，没有什么事是非得让你生气的。

---

① 冈比亚岛：隶属法属玻利尼西亚，著名的黑珍珠产地。

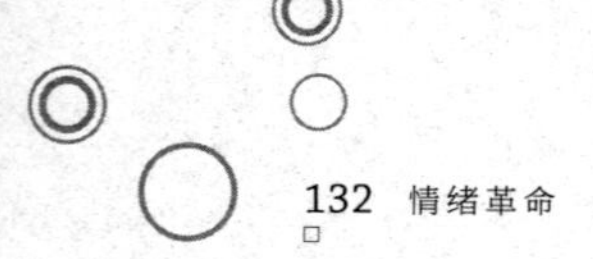

当你忍不住要发火时，试试用食指和拇指做一个“魔力圈”的手势，放在自己面前，然后说：“胡说，我才不会因为这种事生气。”忍不住要生气时多用用这个手势，很快你就能愉快地面对那些讨厌的事了。

学习能力是快乐的根源

掌握这十二条法则以后，你会朝着情绪平衡和成熟又迈进一步。你会发现自己在各方面都很有效率；你也会开始这样对自己说：“伙计，我感觉好极了！”然后，生活就会变得充满乐趣。

作为人类，我们很幸运，因为我们有学习的能力。行医过程中，我就看见成百上千的人通过学习，摆脱了情绪压力，拥有了平和的心态。如果人们连学习的能力都没有的话，很久以前我就不做医生去干别的了，因为医生很重要的一个工作就是治疗情绪性疾病。

本章小结

缓解情绪压力的十二条准则是：

1. 享受简单的生活

2. 不疑神疑鬼、过分敏感

3. 爱上自己的工作

4. 拥有健康的兴趣爱好

5. 学会满足

6. 发掘别人的优点

7. 找到生活的美好一面

8. 多想想你怎样才能活得最好

9. 允许自己犯一些错误

10. 抓住现在

11. 做好计划，体验新事物

12. 不要轻易动怒

第九章　营造快乐家庭氛围，传递正面情绪

家庭是影响大多数人的首要教育因素。人生的很大一部分在家里度过，家庭对我们早期的思想影响巨大。所以，在众多因素中，家庭对我们个性的塑造和能力的形成起着最为关键的作用。

家庭对每个人来说如此重要，然而，我们却遗憾地发现，很多家庭却没有把握住机会好好教育子女。

根据我的行医经验，目前，不良家庭氛围是引发我们情绪性疾病的最关键因素。许多人不仅在父母身边时就染上情绪性疾病，而且结婚生子、成为一家之长后，仍受各种情绪性疾病困扰。情绪性疾病已经成为当今社会的流行病，而不良家庭氛围则是造成这一现状的罪魁祸首。

但是，事实上，只要给予正确引导，这种状况可以得到改善，以往失职的家庭也能够发挥应有的作用教育好子女。

首先，我们来看看哪些家庭氛围会导致不成熟和情绪压力。

引发情绪压力的家庭氛围

扼杀快乐型家庭氛围

容易引起负面情绪的常见家庭氛围之一就是扼杀快乐型。这样的家庭里，总是弥漫着低落消极的情绪。“唉，去野餐有什么意思呢？说不定半路会下雨；就算不下雨，到处是蚂蚁，蚂蚁就能把食物给吃光了。”欢乐就像一朵脆弱的花骨朵，还没开就被捏碎了。

有个叫贝蒂的女孩就来自于这样一个家庭——一个整天乌云密布的家庭。贝蒂整个人看起来既无光泽又无生气，家人也是这样。在这样的家庭长大，她的性格当然不会讨人喜欢。她总是被老师同学忽略掉；这并不是因为他们不喜欢贝蒂，而是因为她为人过于被动消极，很难引起大家的注意。她也从没去过同学家玩，因为走到哪儿，沮丧抑郁也跟到哪儿，让她很难融入集体。贝蒂的母亲也从

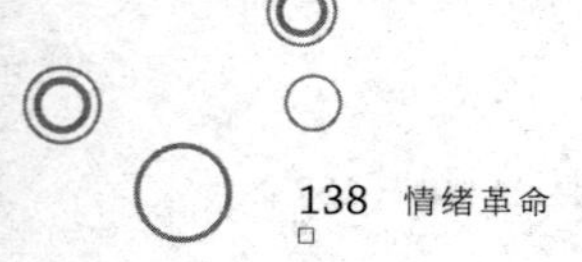

不邀请其他孩子到家中玩，因为母亲总是心情阴郁，根本不懂什么叫快乐。如此一来，就像母亲一样，贝蒂也形成了消极沮丧的生活态度。

13岁时，贝蒂被确诊得了抑郁症。情绪上的压力造成各种生理上的病症，于是她开始担心自己的健康，而对健康的担忧又成了她抑郁症的最大病因。每天早上醒来，她脑中的第一个念头就是："我的病怎么样了？"13岁开始，贝蒂就没离开过药物。母亲的消极态度更让贝蒂的病情严重恶化。到了40岁，她已经动过四次手术，包括一次子宫切除手术。

贝蒂的父亲也老是愁眉不展，是个彻底的悲观主义者。他沉默寡言且毫无幽默感。形成这种性格也是由于他成长的家庭环境。这样的家庭血统或许都可以追溯到新石器时代。他就是你在书的前面读到的那个山姆，他妻子说只在结婚头一年里他说过些甜言蜜语，但已经有太久没再说，都快记不起来了。

批评式的家庭氛围

另一种能滋生出负面情绪的家庭氛围是批评式氛围。这样的家庭里，彼此间充满敌意，动不动就批评别人。通常是父亲先挑起的，然后，大家开始相互攻击。如此恶性循环，永无止境。在这类家庭中，我们经常听到这样的争论："我绝对没有发脾气。你才在发脾气呢。"事实上，家里每个人脾气都很差，总是动不动就发火。

很不幸，芭芭拉就出生于这样一个家庭。长大以后，不可避免地，不良家庭氛围严重影响她性格的发展。在学校，她对老师和对同学总是带着批评的态度，因此她总是惹上一堆麻烦。而在家中，她则忙于应战，在这个"战场"上，家中所有其他成员都联合起来针对她。10岁时，芭芭拉就得了情绪性疾病。

家庭冷战。在有些家庭中，批评性的氛围是以冷战的形式存在的，而不是公然的唇枪舌剑。这样的家庭里批评在本质上是一种尖锐、挖苦的冷嘲热讽，却还故意装得轻松愉快。克里夫非常精于此道。有天晚上他和他妻子贝蒂招待客人，克里夫会在桥牌桌上一直挖苦嘲讽贝蒂："最好别让贝蒂记录得分，否则我们永远搞不清自己得了多少分。"影射贝蒂在持家方面毫无建树。又或者，他会侃侃而谈："在我们家，除非到真的吃饭时候，不然永远不知道什么时候或会在哪里吃饭。"

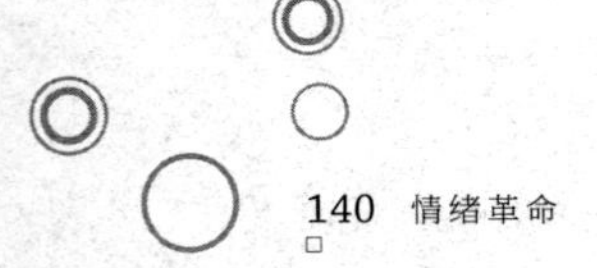

这类话一说就是好几年，对贝蒂造成很大的伤害。随着时间的流逝，贝蒂患上了情绪性疾病，大多数时候都是病恹恹的，而罪魁祸首克里夫只能自食其果，支付全部医药费。

来自外界的批评因素。有时候，在一个本来很正常的家庭里，外界的批评也会造成情绪性疾病。简是个好女孩，和一个叫乔治的男孩结了婚，男孩条件也不错，而且很爱简，总是很体贴地照顾她。简一直以来都很幸福。直到她生了第一胎，从医院回来后，她的生活就变了。乔治找了个专业的看护来帮助简照料家务并照看宝宝，而问题就出在这个看护身上。

这位看护资格很老，很多事情上懂的东西都比简多，有些方面懂得甚至比医生还多。她对每件事都要指手画脚。她直接批评简照料孩子的方式不对，甚至对儿科医生开的处方都有意见。她会说："我觉得宝宝不太对劲。他肯定是病了或者什么的，正常的婴儿不是这样的。"于是，简就会推着婴儿车跑到儿科医生那里，而医生则会一再向她保证宝宝非常健康。回到家里，长舌妇又会说："唉，其实你知道，医生不会总是跟你说实话的。"

随着这类事件不断发生，简自己也搞不懂什么原因，自己感觉越来越糟糕。起初，乔治和医生也都不知道是怎么回事，后来他们就明白了。简是个有能力的女孩，既聪明又活泼。照顾宝宝对她来说很重要。但即使一个母亲再聪明，这也是一个重大的挑战。而那个古板的多嘴看护彻底让她丧失了自信，于是，简陷入了深深的忧虑和焦躁状态。当乔治和医生发现了问题所在，解决方法很简单。乔治立刻开除了长舌妇，简很快就好起来了。

解决问题的方法也不总是那么简单。例如，芭芭拉就没有办法把她的父母解雇掉。

厌恶式家庭氛围

还有一种引起负面情绪的家庭氛围是厌恶式氛围，或者可以说是缺乏关爱的氛围，家庭就像社会的细胞，而这种氛围则是致命的毒素，会损坏家庭原本的良好功能。

通常厌恶式氛围的根源在于：父母之间彼此厌恶，他们之所以还勉强在一起是“为孩子好”。在这样的家庭氛围中，孩子们彼此也学不会关爱。在孩子这里，爱或是恶，绝大程度上是看样学样。父母不对孩子付出真爱，那么，孩子回报给父母的爱会更少。

这样的家庭中，彼此之间没有需要。谁对谁来说都不是必需的，而当一个人感到他不被需要，他永远不会培养出成熟的个性。每个人都觉得自己的存在无足轻重。不懂得付出，也没有人愿意为他付出。生活就像是在吃一盘干巴巴、毫无味道的炒饭，毫无意义。

埃伦家有七个孩子，她年纪最小。家人彼此互不关心，谁也不在乎谁。因为年纪最小，埃伦成了全家人恶意相向的靶子。自埃伦懂事起，家中每个人就一直在批评她，“噢，她是个蠢蛋。”“她恐怕连中学都毕不了业。”从没有人帮助过她。

到了上学的时候，她已有种深深的自卑情结。她不敢正眼看老师，因为每个人都说她很笨。度过了羞耻的童年，埃伦终于长大，却嫁给了一个与她有相似经历、相同自卑情结的男孩。等她生了孩子，她认为自己没有能力照顾好孩子，同时也没有自信当好一个家庭主妇。也许终其一生，她都将生活在自卑中，整日自怨自艾。

其实埃伦在孩提时就早已是病入膏肓了，到如今情况仍无好转。她的病要解决起来，并不像乔治、简和多舌妇的案例那样容易。

自私自利型家庭氛围

能滋生出负面情绪的第四类家庭氛围是自私自利型。它与批评式氛围有稍许不同，在这里，往往也是父亲起头。

维吉尼亚单身的时候一直好好的，但嫁了个病态、自私的男孩，他唯一关心的只有自己。这个男孩叫罗杰，一开始和他打交道，我们看不出他为人有多么自私自利，因为他不是那种会老把自己常挂在嘴边的利己主义者，但在他心里每个想法都只为自己。当然，维吉尼亚嫁给他时，并不知道自己嫁的是这样一个人。

罗杰表面上很懂分寸，但实际上他只知道自己享乐，对维吉尼亚，总是需要的地方利用一下，不需要时就抛在一边。罗杰对打猎和钓鱼很着迷，但他总是自己跑出去，把妻子丢在家里。此外，他还很喜欢打牌、踢足球。但在他自己快活的时候，他从来不会想到妻子，更别说分享自己的快乐了。罗杰很偏食，只喜欢吃几样菜，因而家中餐桌上吃的总是那么几道菜。罗杰的工作需要经常出差，维吉尼亚则独自在家中抚养四个孩子。有时维吉尼亚抱怨身体不舒服，罗杰不但毫不同情，甚至连听妻子说话的耐心都没有。

现在，维吉尼亚已经病得很重了，她的身体大不如前了，一时也很难恢复健康。但罗杰并不觉得自己和妻子的病有什么关系，甚至还认为她是自己享受生活的一大障碍。就连孩子们也是发育不良，体质不断变差。

怨天尤人型家庭氛围

第五种不良家庭氛围是怨天尤人型氛围。在所有人中，要属出生在这种家庭的人最为悲惨。因为你身边总会有个终日抱怨的人——通常是母亲，但我也见过有些家庭父亲老抱怨。

如果耳边总是有人在唠唠叨叨，抱怨这抱怨那的，那么，可想而知，我们的生活根本不可能幸福。那些喜欢抱怨的人每天早晨醒来，第一件事就是剖析自己，找病症。而往往起床时，要发现个小病小痛是很容易的，尤其是吃早餐前。在大多数时候，一旦我们想要做点文章，总能发现这也疼那也疼。坐在那，闭着眼睛想："我哪儿痛呢？"你总会发现好像有个地方真的在痛。一旦找着了，接下来一整天，心思就只围着那些地方打转。最夸张的是，自己痛苦还不够，一定要搞得全家都跟他一样痛苦不堪。

大多数成天抱怨的人都只不过是得了情绪性疾病，但是听他们老念叨自己的健康，你会觉得他们就像座博物馆，设备完善却死气沉沉。在家里，他们阴郁和焦虑的情绪严重影响孩子的成长。低沉消极、焦躁不安、疑病重重都是这类家庭带给孩子的不良影响。

这些人不仅搞得家庭氛围惨淡无比，而且还严重吞噬家庭的银行账户。有位女士，她整个凄惨的生活历程中，看过15位医生，4个祭司，两个巫师，动过8次手术，在3家疗养院待过，在这些事情上花了一大笔钱。

恐惧兼焦虑型家庭氛围

我认识一个商人，他每天早上在焦虑中醒来，然后，整天焦虑不断，直到上床睡觉时依旧没完没了，还因焦虑而彻夜难眠。

例如，每天早上，他会为该戴哪一条领带而犹豫不决，反复自我争辩，有时候甚至为此焦虑到手足无措。早餐时间，他会担心自己是不是在主食中放了太多的糖，紧接着怀疑自己是不是得了糖尿病。开车去市区工作的时候，他会在心里挣扎该走这条路还是那条路，选好了之后又担心自己应该选另一条，唯恐命运注定他会在这条路上发生车祸。到了店里，他一会儿担心玻璃橱窗会被人打破，一会儿担心一个职员的口哨声影响了生意。

他的家人都会染上同样的焦虑习惯——这类病很容易传染。他的妻子会受影响，孩子在这样的氛围中长大更受害。他们已经习惯了这样的生活，觉得这就是生活的常态。他们完全不知道什么才是真正的生活，也从未想过要改变。

如果够幸运的话，将来某一天他们也许能够醒悟过来，充分意识到一直以来他们的精神状态是有问题的，认识到情绪性疾病一直在困扰他们，生活并不快乐。

婆家掌权型家庭氛围

另一种会对家庭情绪造成不良影响的氛围是婆家掌权型氛围。婆家掌权现象可能会非常明显但却不好处理。

海伦是个瘦瘦的女孩，来自费城。她嫁给了一个年轻的男孩，婚后随丈夫来到他的家乡生活。那是个只有250人左右的小村庄，到处都是男方的亲戚，还有一些人老搞鬼。一些亲戚眼红海伦生活舒适，觉得海伦得到了他们应得却没有得到的一切。他们牢牢抓住每一次机会作弄她挑剔她，暗地里用各种方法伤害她。海伦因此生病了，不久就病得不能上班。于是，那些搞鬼的亲戚们像老鹰一样猛扑向她，使她一蹶不振，无还手之力。只有在回娘家的一个月里，她才感觉好些。几年后，功能性疾病严重困扰着她。最终她只能以离婚的方式远离这个战场，一年之后，她又恢复了正常。自那以后她就一直很健康。

年轻夫妇应该独自生活

除少数特例以外，年轻夫妇最好婚后就开始独立生活，以便自己对家庭有完全的掌控权。如果住得太近，父母总是有各种机会提点建议，甚至发号施令。她们表面相处得也不错，但媳妇什么事都得听婆婆的，这使得媳妇无法过想要的生活。长辈最好与晚辈分开住，给他们一个独立的生活空间。

良好的家庭氛围并非遥不可及

不良家庭氛围会引发各种疾病，前面提到的只是其中几种。从我的行医经验来看，很多家庭在这方面做得很不够，给家庭成员带来很多负面情绪。

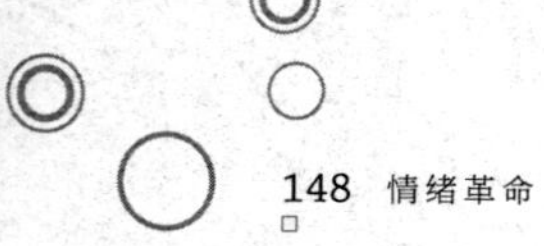

即使家庭主妇再努力，新婚夫妇再聪明，面对无穷无尽的烦心事儿也会垂头丧气。

然而实在不必灰心。

让我们保持良好心态的那些原则完全可以应用在家庭中，这样，就可以在家里形成一种积极健康的氛围，从而有助于每个家庭成员的成长。拥有这样的家庭，本身就是人生的幸福之一。

家意味着……

罗伯特·福罗斯特曾说过：“家永远不会把你拒之门外。”

我们可以用这句话来定义家庭：“在我们最迫切需要帮助时，家是我们强大的后盾。”家所给予我们的不应该是烦恼、斥责或争论，也不应该冷眼相对，而是真正的同情和鼓励。

作为家庭成员，你首先要有平和的态度、愉快的心情——从此刻开始。

然后，你要去感染其他家庭成员，让他们也心态平和，心情愉快——从此刻开始。

下面就是一些良好家庭氛围的关键因素。

养成成熟与平和的心态

学会简单生活

随着人们生活水平的提高，越来越多的现代化设施诱惑着消费者。美国人生活中的主流趋势过多地强调奢侈的生活条件——豪华的住房、新式的跑车、大寸的电视、前卫的相机和充满艺术品位的厨房设施——以至于在追求这些生活资料时，我们给自己造成诸多困扰和焦虑。追求奢侈、挥霍金钱是现代人的家常便饭。因此我们根本学不会、实在也没有机会学会如何去简单地享受生活。

首先要了解享受的真正含义。用平常心来看待生活，不要过度追求物质上的享受。从此刻开始享受现有的一切：碧树蓝天，吹吹口哨，彼此共度美好时光。其次要抓住现在，珍惜拥有的一切，忘掉不切实际的幻想。

正确的想法是：利用身边每一个细小的机会去享受每一

点快乐，适时地说说愉快的俏皮话，享受彼此安静相处的此时此刻。

形成以家为事业的观念

一旦孩子到了懂事的年龄，就要让他们形成这样的观点：家庭应该是每个成员享受快乐的地方；每个人都有义务使自己的家庭变美好。在这项家庭事业中，需要父亲、母亲、兄弟姐妹，所有成员的共同努力，人人怀有积极的热情并承担自身的责任。父亲、母亲、兄弟姐妹都应视这份家庭事业为最重大的责任。

别忘了，如果父母做出榜样，那么孩子也会为家庭做贡献，努力为之奋斗。通常，父亲只把家当旅馆，经常在外工作、赛马，或是整天也不知道搞什么名堂，对家庭付出的关心极少。但是，如果一家之主能做出表率，那么孩子们必然都会向他看齐，健康成长。

家庭事业应该变成一个持续循环的互动工程：一起做事，一起玩游戏；在炉火边讲故事，一起研究有趣的风俗人情；周末去户外远足，年底全家出去旅行；一起享受生活的欢声笑语等。这样，每个人（包括父亲）都参与其中，并乐在其中。

把家庭事业看作人类事业的一部分

家庭生活的重要理念是家庭和社会是局部与整体的关系，本质上是相同的。每个人除了在家庭事业中负有责任之外，对人类事业也有相同的责任。培养这种责任心也是孩子心智成熟过程的重要一环。我们只有在这个意义上成熟了，才能走出自我为中心，从纯粹为自己考虑转变成为全人类谋福利。没有这种为人类的意识，意味着我们会一生埋头于自己的蝇头小利中，因为过于自私而毁了美好的人生。如果孩子们都能够把人类的福祉放在首位，他们会给自己的精神生活涂上最为绚丽的色彩，并因为付出而感受到生活的美好。

此外，若人人能以家为事业，重视家庭，那么，我们必定能让我们的家充满温暖、关怀和理解，这是你幸福生活必不可少的条件。

家庭事业包含很多内容，例如：举办小聚会。组织集体活动，更好认识、了解我们的社会，并学会相互帮助；一起去野餐，增进邻里之间的感情；全家人到世界各地去旅行；领养孤儿；并尽自己所能，努力为人类事业作贡献。在心中树立家庭事业和人类事业的理念，既区分又统一地看待，这本身就意味着人的成熟，能让孩子们真正了解人生的真谛。

积极面对人生的困境，笑对人生

当某件事让人泄气或是困扰的时候，全家应有的态度是：“我们不会让自己泄气；我们会尽力扭转乾坤；相信尽最大努力就能收获不错的成果。”你会发现情况没有那么糟，困难也变得微不足道。要是全家都始终保持这种积极的人生态度，就没有什么越不过的坎。

要让孩子学会笑对人生，首先应该教会他们的是懂得灵活变通和适应变化。

比如说全家准备去户外野餐，突然下起倾盆大雨；怎么办？耶，好哦！在起居室里做做游戏，然后，在地板上来个室内野餐也很有意思啊。

如此处理生活中的小烦恼，一旦你面对更艰难的任务，也就能轻松应对挑战。母亲生病住院了，每个人都很努力照料母亲，不仅帮助搞家务，而且保持积极的心态，给母亲精神支持。同样重要的一点是，大家都应一致地昂头挺胸，信心十足地生活。

走出困境的方法也可以是一次比赛：每个人都竭尽全力，看看谁能找到战胜困难的最佳方案，然后，全体合作推行这个最好的方案。

没有爱，幸福就像泡沫——学会爱别人

如果父母相爱，那么，家人之间都会充满爱，家庭氛围也会很温馨。我们付出的爱应该是一样的，不能偏心。要让每个人都觉得自己在这家庭生活中是被需要的，在我们心中是不可替代的。如果父母之间没有憎恶，或能把憎恶的情绪消灭于萌芽时，那么，孩子之间的憎恶就不会存在。如果家庭中长辈们经常有口角、争端和唇枪舌剑，那么，孩子们长大后几乎都会变得爱争吵，难相处。

很多十足的傻瓜，新婚不到一年，爱就在吵吵闹闹中消磨殆尽。多么幼稚和不值得啊！任何成功的婚姻的关键都在于你必须足够成熟，能跳出婚后问题的束缚，理性加以对待。只要一分同情、两钱善意、三吊理解，那么，爱会恒久弥新。

每个人都应谨记：家人之间永远不能争吵或是斗嘴，不然会伤害感情。如果长辈尚且不能做到，那么，要营造这样

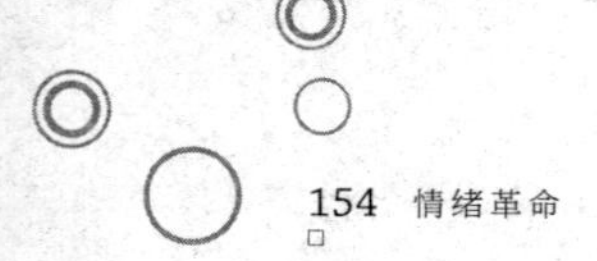

平和的家庭氛围就很难了。

欢欣愉悦的家庭氛围

一个人累了，家应是休息的港湾；在外面遇到困难了，家应是无条件地给予鼓励和帮助——家就应是这样的一个地方，是你需要时给你慰藉、鼓励和帮助的地方。

这点上，长辈也应做出榜样。如果父母彼此之间不发牢骚，不轻易自怨自艾或针锋相对，孩子就会自觉地约束自己，克制自己的坏情绪，尽量不做伤害家人的事。

管教要合理、坚定，同时要注意方法

来自不幸家庭的父母也许不相信，但事实是，在愉快的家庭环境里，并不需要太多管教。行为不良的往往是不快乐的孩子。如果孩子能在一个快乐幸福的环境里成长，那么许多管教问题就会迎刃而解。

必须教孩子一些基本的规矩，如：尊重他人的权利，尊重他人的个性。应该教他们尊敬长辈，教他们不去违反规则，行为要遵纪守法。诚实和正直也是必需的品质。

当然，有时候也需要一定的管教。管教应合情合理，不能滥用家长权威。我们这样做是因为这样的行为于人于己有利，不那样做是因为那样做损人不利己。教导孩子时要平心静气，注意方法，这样效果更好。大发雷霆，或强制性的管教是毫无益处的。孩子犯了错，都应谆谆教导，并耐心解释原因。

当然，若必须加以严格管教时就不能有任何动摇或是退缩。不过要记住：孩子犯了错，完全没必要接二连三地惩罚。

家庭是成员信心的来源

家庭的重要职责之一就培养孩子的信心——不仅要创造稳定的经济条件增强孩子自信——即使没有经济条件，也应该让孩子感到爱，感到被呵护被重视，从而自信地生活。要让孩子在呵护中成长，让他感到自己的价值，从而使他有信心承担起责任，为家庭和社会的福祉努力奋斗。任何一个小孩，不管怎么笨拙或差劲，都应该受到重视呵护，让他知道，对于这个家，他的存在是多么重要。

如此，基本的心理需求得到满足，有助于发展成熟的心智。

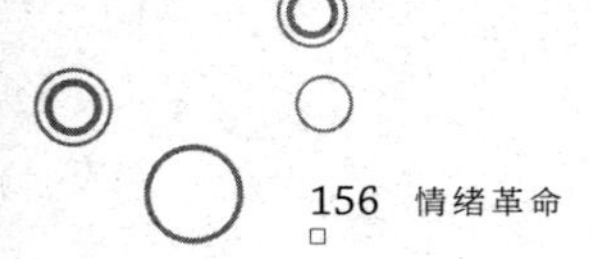

共同享受家庭生活——从此时此刻开始

每个人都必须有这样的认识：家庭生活就是共同享受生活的点点滴滴，一起创造美好人生——抓住每分每秒和把握此时此刻。这意味着家人共同地享受生活——比如父亲走过客厅时或玛莉和妈妈进厨房时，说句俏皮话。家庭代表着共同享受生活、一同感受美好和一起开怀大笑——从此刻开始。

此刻开始，当然："我们在等什么呢——为何等待呢——现在是时候行动了——就是此刻——此刻是时候表现我们的爱，此刻是时候创造我们的家庭事业——就是现在——为什么要继续等待呢？"现在正是我们规划未来的最佳时刻，切勿把当下时光浪费在空想中。

你的家庭属于哪一类？

第一步是：静下来想想："我的家庭属于哪一类呢？"它会经常引起你的负面情绪吗？你因此患上了功能性疾病吗？你的心理健康吗？你感觉幸福吗？对自己诚实点，想必答案已一目了然了吧。

第二步是：一马当先，做出表率。

第三步是：和妻子或丈夫，还有孩子——如果他们足够大的话，开一次家庭会议，好好谈谈这个问题，并制定计划努力营造一个健康的家庭氛围。你累了，家是你休憩的港湾；你失意了，家给你慰藉和温暖；一旦有需要，你总能在家里得到鼓励和帮助。

本章小结

每个人生活中最重要的教育因素是他们成长的家庭。

研究证明，不良家庭环境是造成社会中情绪性疾病的最重要原因。

只要给予正确引导，失职的家庭也能够重新发挥应有的作用，教育好子女。

家庭可以是美好幸福生活的中心，可以促进家庭成员的健康成长和情绪平和，前提是你要牢记以下几点：

1. 简单地享受生活；

2. 形成以家为事业的观念；

3. 把家庭事业看作人类事业的一部分；

4. 积极走出困境，笑面人生；

5. 彼此友爱、互重和关心；

6. 营造友好愉悦的氛围；

7. 管教合理、坚定，但方法得当；

8. 培养孩子的自信和安全感；

9. 享受生活的点点滴滴——此刻开始。

第十章　从和谐的两性生活中感受快乐

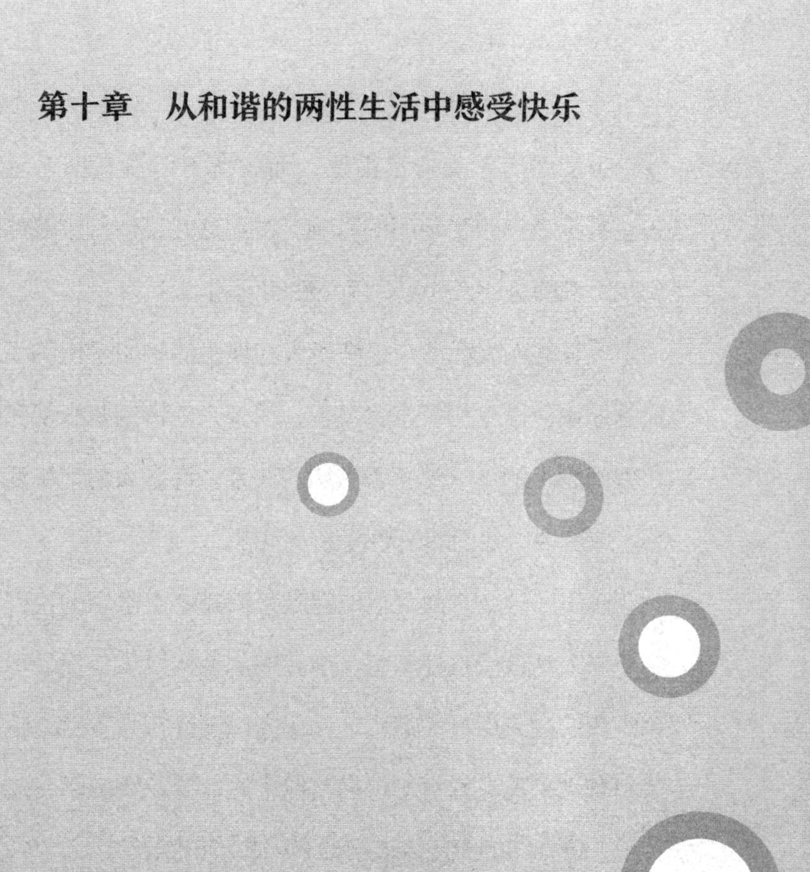

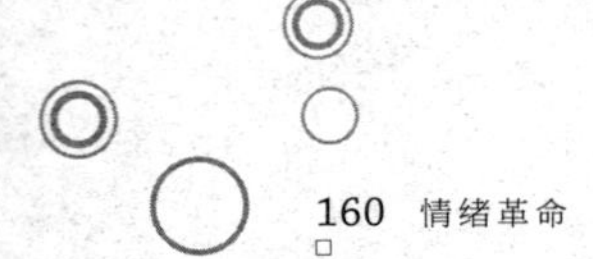

生活中有一点非常重要，而教育不但没有把它涵盖进去，甚至还产生了负面的影响。说到这儿，你们应该能够猜到我所说的是什么，对，就是性的问题。

所有的人类活动中，许多人在性生活中显示出的不成熟最为严重。医生们经常会发现，很多人的情绪紧张都和他们在性问题上的不成熟有着密切的关系。许多人的性生活一团糟，或者性将他们的生活搅得一团糟。

在任何一个方面变得成熟起来都是一个学习的过程。如果一个人从没受过性教育，那我们怎么可以去指责他不成熟呢？我们会去指责性混乱、性压力以及性行为不轨，除了社会和有义务提供教育的机构，像家庭、学校和教堂，对性混乱和性压力的指责还应该由谁来一起承担呢？

生理本能和文明进步

性本能相对于人类其他本能来说弱多了。人类对食物的需求要比性需求强烈得多，对安全感的需求也是如此。即使性需求得不到满足，一个人依旧可以活很长时间，甚至整个一生得不到性满足都没有关系，但是，一旦没有吃的或者完全缺乏安全感，人就会很快死掉。

人类的共同努力，也就是我们所称的“文明”，主要是指让人们生活得以解决温饱，保障人身安全，而不是满足人们的性需求，这一点清楚地表明性并不是至关重要的。

但是，大家饮食可以不规律，性混乱却是灾难性的。如果几千年前社会就允许人们性混乱，那么，社会早就毁灭了，也就不存在我们现在所称的文明社会了。性混乱会给社会和经济造成灾难性的后果。

必须对性加以限制。要去束缚性本能这一根本天性，同时又不让人觉得苦恼，唯一的方法便是开展良性的性教育，教人们如何在社会限制的范围内处理好这种天性。但是，在一种正确、恰当的教育方式还没有出现之前，这种本能一定要加以限制。

当在性上遇到烦恼时，你应该怎么办呢？这时就像是向一个装满酒的酒瓶中塞瓶塞，要么瓶塞蹦出，要么酒瓶裂开，所以，你一定要小心谨慎。

对于性这个让人头痛的问题，你了解得越多，就越会对人类一直能和睦相处感到不可思议，也就越来越相信人类真的很了不起，应付了那么多棘手的问题，一步步艰辛地跋涉几千年走到了今天。

性冲动不是人格发展的主流

西格蒙德·弗洛伊德和一些精神分析学家都认为性是人类性格形成的主要动因。的确，由于以上所提到的原因，性给人们带来了极多的麻烦，但并不能说性就是这些问题的最主要原因。性根本不是性格形成的主要动因。正如人类别的生理需求一样，性就像是不停流淌在人类身体中的一股细泉，它一直活跃着的原因有：

1. 每个人生来都有性冲动；

2. 我们的社会迫使人们压抑性冲动，让它依旧可以达到繁衍后代的目的，却不会对人们产生不良影响，以致危害到社会和经济结构；

3. 尽管社会强制人们压抑性冲动，但却没有任何一个机构教育人们如何控制性冲动，同时不让自己受到伤害；

4. 社会中有许多经销商蓄意煽动人们的性冲动，因为这样他们可以从中赚取利润。

很多商业机构利用了那个酒瓶里的泡沫，他们摇着酒瓶让泡沫越泛越多，从古至今，这种情况在近几年显得极其严重，这也是导致许多婚姻出现问题甚至破裂的主要原因之一。

商业广告、报纸、杂志、电影和电视经销商也发现了“半裸女人”的魅力，因为它可以引起男人的思慕，可以促使没有受过性教育的公众去消费，可以去打开人们的腰包。但是，这也不是对所有人都有用，那些由于没有控制自己的性冲动，已经患上情绪性疾病或触犯法律的人就不买账。

对于一些试图抑制自己的性冲动，却一直控制不住的青少年或不成熟的成年人来说，他们打开任何杂志——即使是一本高质量的周刊——也会发现每页都有撩拨人的“半裸女人”。他们一直努力克制的性冲动立刻就受到刺激，想象力也随着相片沸腾起来，接着一串激动紧张的情绪也就产生了。如果他们在这一刻控制住自己，还是相当幸运的。但是如果没有控制住，那么，他们就要陷入麻烦中了。

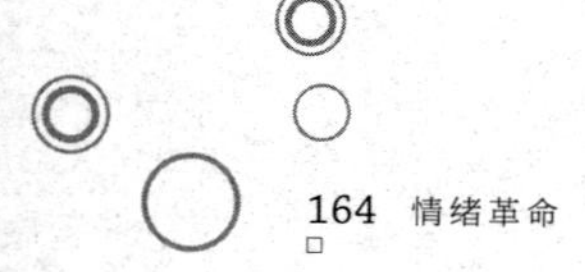

“老于世故”只是一种不成熟的表现

现在很流行“老于世故”——无视性禁忌，否则就是跟不上潮流。当然，世故有不同种程度，刚开始的时候，仅仅限于在开放混杂的场合讲一些性故事（很显然，尖叫声越高，讲的越露骨的人就越世故），慢慢地，讲述性故事发展到发生不道德的性关系。但是，往往这种性关系会让他们生活变得糟糕，甚至促使他们犯法。

“老于世故”的哲学内涵就是性成熟——我们曾在前面第七章中给成熟下过一个定义，即成熟是一种能力，一种人们在处理生活中的问题时将麻烦减至最低，将快乐增至最高的能力。

“老于世故”又分为两种不同的观念。有些人只同意其中一种观点，有些人则觉得两方面都有道理。

第一种观点是把性当作人类的一大不幸，不足挂齿且污秽不堪，即使婚后的性行为也是勉强而为。无疑，这一种想法是片面的。

第二种观点认为应该及时享受性，性不应该受任何约束，而且是浪漫爱情中重要的组成部分。

后一种想法大错特错。不论看起来多漂亮的苹果，一旦从树上摘下来就不再那么好看了，无一例外。更糟糕的是那个苹果里面还有一条虫，让你更感失望。等到那个摘苹果的混蛋意识到远离麻烦比摆脱麻烦容易多了的时候，已经太迟了。

“老于世故”引起的麻烦

如果一个人有强烈的性冲动，但是，又不断压抑这种冲动，那么，他会焦虑不堪，甚至患上某种严重的情绪性疾病。但是，那些让自己变得“世故”以求解放的人，也会患上同样严重的焦虑症。正如我之前说的那样，这种人甚至会有自杀倾向，因为他的焦虑已经达到了极其严重的程度。

即使还没有发展到想要自杀，“老于世故”的人也还是有另一种焦虑。受到法律制约或受到起诉都不是最大的烦恼，越来越卑劣的谎言、持续不断的焦虑以及罪恶感才是导致他们崩溃的根本。接着，家庭矛盾不断，或者家庭破裂，更糟糕的是孩子因此而处于一个恶劣的家庭环境之中。

愚蠢世故的男人的所作所为都是他个人的事情，与他人无关，但是，一旦家庭的不良环境影响到孩子，毁掉了孩子

的正常生活时，就不再只是他个人的事情了。

到他只想通过跳河或自刎来获得解脱时，他终于明白“老于世故”其实毫无益处。除了“老于世故”，还没有任何一种行为习惯可以逼得人们最后想自杀。我这就有好几个例子。

避免任何可能导致自杀的事情

理查德·雷奥是个机灵聪明但性格安静的小伙，至少他自己这样认为。他从没有想过要去伤害任何人，他是一个好丈夫，也是一个好父亲。同时，他在性生活方面并不混乱。他对别的女人不迷恋，也就是说，不会去搞三角恋或与多个女人发生关系，他只会和一个情人约会。他不随意，只是比较前卫。

就这样，理查德过了很长一段安静快乐的日子。他觉得这样没有伤害到任何人，他也不想伤害任何人。他每次和那个女人约会都会去不同的地方。

但是有一夜，他们又去了一个经常光顾的旅馆。旅馆老板发觉他们关系好像不正常，于是，就中途打断了他们。理查德登记时用的是一个事先想好的假名，并伪称是那位女士的丈夫。他的这种行为是违法的，并被旅馆老板现场捉住，但是，在警察到来之前理查德和那位女士跑掉了，然而，他的真实姓名和住址却被旅馆老板记了下来。

之后的两天，每想到这件事，理查德就浑身冒冷汗。他来到我的诊所是因为消化不良，同时把整个事情都告诉了我。除了看医生，之前他还去找过一名律师。

他所要受到的惩罚真的是毁灭性的。仅仅两天，他就完全被摧毁了，身体也极度虚弱而不得不依靠药物治疗。

事情发生后的第三天，旅馆老板向法院举报了这件事情，那日上午十点半，法庭传唤理查德出庭。十点四十五分，理查德开枪自杀。

报纸只报道了理查德的死讯，没有提到法庭曾经传唤理查德出庭，为什么自杀也是没有人知道。这样，家庭荣誉没有受到任何影响，但是理查德却永远离开了人世。

还有另外一个人，我们就叫他马克医生。在他决定放纵自己的性需求，不再拘泥于生活小节之前，他真的是一个很好的小伙。他那样做并没有任何恶意，只是觉得为什么不让自己的生活更有趣一点呢?

以下是性学家金赛教授讲述的马克的真实故事。

自从马克改变了对性的态度后，一直到他的性伴侣怀孕，他都过得很好。怀孕后，那个女人从中看到了商业价值，于是，非但拒不接受堕胎手术（当时马克也在场），而且扬言要公开起诉，威胁马克。

那个女人曾到我的诊所进行检查，并且向我述说了整个故事经过，口气相当骄傲。但那时马克却面临人生被毁灭的危险，那个诉讼无疑会让事情公开化。除此之外，马克所在的州有法律规定，不道德的性行为会导致医疗执照吊销。意识到那个女人和马克都对整件事情负有责任，我试图劝她撤销诉讼，但是，她完全沉浸在自己的算计里，根本不听我的劝告。

就在她要请一名律师提出诉讼时，马克服砒霜自杀，人人都认为他是自然死亡。那之后我再也没有见过那个女人，直到一个月之后，我看报无意间发现了她投水自杀的报道。

性混乱通常引发的麻烦是自杀

奥文是一个相当稳重、敏锐狡猾的商人。有一天他来到我的办公室，很显然是有事情要咨询的样子。他说很想回到他以前的样子，并发誓说没有什么事情困扰他，让他焦虑。但是，他的麻烦却好像越来越棘手，越来越无法摆脱。这种焦虑不安的状态对他来说是很反常的。我告诉他，表现得好像什么烦恼都没有其实骗不了任何人，并开玩笑地说他正在进行一段浪漫的婚外恋。这正点破了他的心事，于是他向我讲述了一段浪漫热烈的爱情。他并没有像理查德或马克一样遇到了美人陷阱，但是，他有着同样的苦恼。

远离麻烦比摆脱麻烦容易得多

说了这么多，关键的一点在于：明明知道这样做可能会导致自杀，或者至少也会引起严重的情绪性疾病，那么，为什么还要往这条路上走呢？

在有些社区中，人们普遍接受了性开放的观点，所以，不会导致严重的诸如自杀等问题。但是，从这些社区的病人和我的私人谈话中可以看出，功能型疾病在这些地方的发病率依旧特别高。

其他类型的不成熟性观念

我首先谈到的是“老于世故”，这是因为太多的人错误地把它当作一种成熟的性观念。但是，除了“老于世故”，还有以其他形式存在的不成熟性观念，它们同样会引起很多的情绪性疾病。

一年中会有很多患情绪性疾病的患者来看医生，因为他们已经把不成熟的性观念带进了婚姻生活中。此外，对于年轻人或未婚人群而言，不成熟的性观念也是造成他们情绪紧张的一大重要原因。

婚前的性难题

正如对食物的需求一样，青少年逐渐开始对性产生好奇是很自然的。但是，长辈们则觉得这种好奇很不正常，会诱导子女朝坏的方面发展，因此将这本来正常简单的事情变得复杂而不正常。于是，子女对性的好奇心被强行抑制住了，并且被灌输各种各样的性建议。最后，他们性体验所需的权力就全部被剥夺了。

接着，又出现了一件让人无法忍受的事情。由于经济现状，社会又开始强行实施晚婚政策，人们出现性需求后得等十到十五年才能结婚。

如果社会对此事稍做规划，或者教育方式得以进一步改善，事情就会很好办。现在的普遍情况是，年轻人能得到的关于性的建议实在太少，即使有也常常是误人子弟。

青少年的性需求会导致他们向两个方向发展。第一种情况是，他们会很幸运，能碰到一个可以给他们良性指导的人，引导他们向正确的方向前进，不会遭受很多麻烦。另一种情况则正好相反，他们可能越过道德的界限去尝试性。过分的行为可能最终导致暴行或谋杀。如果他们的行为只是稍稍越界，那么，他们就会陷入我之前提到过的几种麻烦中。

婚姻中不成熟的性观念

现代的婚姻中经常出现性问题。性方面的不和谐极易导致夫妻之间情绪紧张，并且极易让婚姻产生裂缝，最终导致离婚。起因不过是一方或双方在性观念上的不成熟而已。当然，婚姻中的性问题多种多样，在此只能列举最常见的几种。

性问题通常在蜜月期就开始出现了，而且对于新婚者来说，蜜月是他们对婚姻生活的美好梦想的终结。最常见的一种情况是，蜜月期间，男女双方发现蜜月并不像想象中的那样美好，然后开始互相抱怨。如果双方能够超越婚后第一年里介乎成功和失败之间的经验，那么，30年后他们会发现那些经验像雨后彩虹，那种瑰丽的色彩是蜜月时期所无法领略的。

刚刚结婚时，很多小伙子都怀有美妙的幻想，想象两人世界的浪漫，想象拥有成熟的性技巧。当这样的你碰到满怀畏惧、不安，又缺乏性知识的妻子时，那么，你就会噩梦不断。但是如果夫妻双方都比较成熟，满怀同情、理解、互助和祝福共同生活，那么，婚姻生活会维系得很好，婚姻的汽车也不会在行驶的过程中倾覆。然而，许多夫妻不仅性方面不成熟，在别的方面也不够成熟，以至不能弥补性生活的不满，那么，蜜月时幻想的破灭就会一步步导致婚姻的最终瓦解。

当不成熟的性观念给夫妻任何一方或双方带来了情绪性疾病时，医生大都会发现妻子性冷淡。我发现我所遇到的已婚女人中，超过百分之四十的女人都不能从婚姻生活中得到任何性方面的愉悦，也不能给她们的丈夫带来性享受。妻子快乐吗？不，她们不快乐，甚至活得很糟糕。丈夫快乐吗？不，他们也不快乐，日子过得同样糟糕。

妻子的性冷淡绝大多数是丈夫的问题

妻子出现性冷淡，很多时候错误并不在妻子，而是因为丈夫自私的心理和笨拙的性技巧。这不仅仅出现在蜜月期间，蜜月之后，情况也一直没有任何改观。

许多女人这样说："他只顾着自己，从来不顾及我的感受，完事后冷冷地丢我在一边。如今性生活只会让我紧张，想到就讨厌极了。"

你会发现这类丈夫在性以外的其他事情上同样是个幼稚的孩子。他们的心理年龄大约只有8岁，但是生理上已变得成熟起来。因为丈夫如此笨拙无能又幼稚不成熟，很多本来聪慧成熟的妻子开始变得不快乐，甚至患上慢性疾病，即使她们试图冷静地对待也无济于事，因为整件事情应付起来实在太难了。

性冷淡的原因可能源自教育不当

对于一小部分女人来说，诸如性冷淡是因为小时候的性教育太缺乏。比如在第七章中曾提及的一个例子，露西是个很漂亮的女孩，家住在一个粗俗而不开化的小镇上。因为邻居的影响很坏，露西的母亲严格控制着年幼的露西，不让她和性以及与性有关的事情有任何沾染，让她对性产生了抵触心理。这样，最后露西认定性会毁掉一个女人，比死亡还要可怕。露西从来不知道她为什么要结婚，也不知道她如何就结婚了。对她来说，婚姻极其可恶肮脏。生下两个孩子以后，露西已经极端痛苦。但是，她又怀孕了，这对她本来就不健康的性生活来说更是雪上加霜。她患上了顽固的结肠炎，住院出院折腾了好多年。

妻子的性冷淡会导致婚姻中另外一个严重的问题——丈夫的外遇。一位英国伯爵曾说过，他更希望从热情贴心的情人那里获得浪漫温柔的回报，而不是受着伯爵夫人性冷淡的折磨。伯爵也好，普通人也罢，每个男人的本性都是一样的。

夫妻双方性趣不尽相同

婚姻难题的另一个常见原因是，夫妻双方没有意识到男人和女人的性偏好常常存在着差异。通常说来，男人的性冲动比女人的性冲动来得更为强烈。除非夫妻双方意识到这种差异，并且试图互相谦让地面对这种差异，否则必然导致婚姻中的摩擦、抱怨和不愉快。如果双方都成熟一点，能够理解彼此的需要和渴求，那么，就可以避免这种情形。

婚姻中两人的复杂关系必然会导致各种困难发生。我们不去一一列举分析，但是可以说，所有的矛盾无一例外都是源自性格的不成熟，通过性格的逐渐成熟都可以一一得到解决。

性成熟

当一个人认识到性本身并无好坏之分，正确对待性会大大丰富我们的生活，可以让我们生活得更加愉悦时，那么，这就是成熟的性态度了。

其中，“正确对待”是关键。

首先，“正确对待”意味着承担性行为所带来的责任，认识到目前存在的对于性行为的约束不但是必需的，也有助于社会的文明构建和发展。很显然，若想远离麻烦，性行为就要控制在法律所允许的范围内。尽可能减少麻烦也是成熟的一个重要方面。

其次，“正确对待”意味着在性生活方面，只和法定性伴侣发生性行为，并让双方都对性生活感到满意，让彼此心情愉悦。这是成熟的另一重要方面，即让自己能够以最愉悦的心态生活。

掌控婚前性行为

就青少年性教育而言，并不存在某个优秀的，甚至完善的解决方案。我们最多也只能通过调动青少年的自身因素来帮助他们解决问题。

我们能为他们做的第一件事就是坦白。对年轻人说他们没有问题，或者暗示他们即使他们有问题，也是他们自己的事，这样是不行的。最好的方法是把一切都摆到台面上来讲，然后，承认他们的长辈们其实也有相同的问题。对年轻人而言，这些问题在结婚前根本不可能有完全让人满意的答案。然后，我们应该尝试让他们明白，只有在双方结婚前培养了各种成熟品质的情况下，婚姻才能有一个完美的结局。

第二是不要暗示年轻人必须时刻遏制性冲动。相反，年轻人的想法中应该存在各种值得追求的兴趣和冲动，他们也应该有追求美好事物的权利。

控制冲动的方法多种多样。这些冲动其实可以转化成动力，帮助年轻人学会某项运动，或精通某项技艺，使他们有能力去为集体事业做出贡献。这些追求不仅能让年轻人明白他们并非性动物，也有助于培养将来需要的各种成熟品质。

心智的成熟以及思考的能力都是迈向性成熟的表现。给青少年以归属感的家庭，让青少年作为人类一分子而拥有集体归属感的教育，以及拥有能够正确思考的头脑——都可以帮助青少年把性冲动升华到第二阶段——兴趣的升华以及新兴趣的开发。促使这种升华以及各种性冲动产生的主要机构，就是家庭、学校、教堂以及青少年中心。

青少年中心的重要性往往会被我们的社会忽视，而且青少年中心建立时根本就处于无足轻重的地位。除了家庭之外，有责任帮助青少年培养业余爱好的重要机构就是青少年中心。任何一个真心实意关注青少年利益的社会，宁可没有林荫大道或者城市供水系统，也不能没有青少年中心。

青少年中心在性质上是只能是由市政当局提供的必要公众设施。

我们能帮助青少年的第三件事就是，让成人世界关于性的内容尽可能少地流传到青少年中去。不再鼓励对性遮遮掩掩，但家长、老师、心理学家、精神病学家们仍应耐心向青少年指出，他们应该学着为自己的性行为负责。

人们遗憾地发现，很多高中学生，有的怀孕了，有的患上情绪性疾病。我们很容易就能分析出原因是什么。如果年轻人过多接触父母的性杂志、黄色电影和黄色笑话，就会受到很大影响，他们也就会很自然地寻求发泄途径。

大体上来说，社会没有给青少年提供适当的性教育，却要求他们在性方面表现成熟。当今社会的高离婚率和婚姻窘境让我们看到，代价是巨大的。因为个别人干的蠢事，却让所有的人都付出了代价。

婚姻中成熟的性观念

婚前性生活很糟糕的人是很不幸的，结婚后，不健康的性生活同样会给夫妻带来很多负面情绪。

在婚姻中，就像在青春期一样，全面的成熟是性成熟的最好保证。感同身受、彼此理解、合作意愿，都标志着人的全面成熟。如果你想要你的婚后性生活不演变成问题的来源，引起夫妻冲突的话，以上几点是十分关键的。同情、理解和友善这一黄金原则，是婚后性生活的基石，也同样是完善的社会道德体系的基石。

新婚之初，大多数夫妻都是相爱的。爱情十分重要，但除非夫妻双方能用同情、理解和友善这些黄金品质来充实爱情，否则爱情很快就会淡化，生活会充满口角、失意和痛苦。

性必须让双方愉悦

婚姻中的性生活应该是双方真心投入的、共同努力去达到的美好状态。在这其中，夫妻都不应牺牲另一方来获取自己的快乐，而且每个人都要更热衷于带给对方最大的快乐。

他们体会到，彼此快乐是比性更重要的事。婚姻中，性是一个非常重要的因素，但是除了性，婚姻还包含许多别的方面。

夫妻应该把双方的愉悦当成共同的目标。这里没有任何规则可循，但始终要记住的一点就是：不管做什么，都应该以对双方有益、取悦双方和共同享受为前提。

当夫妻双方都足够成熟，那么，他们的性生活应该包含：彼此喜欢、相互回应、给予和付出。诱惑、惊喜和悬念——这些都应该由双方共同努力来实现，不断地转变主动与被动的角色。

对于这样的夫妻来说，因为时刻想着要让对方快乐，他们的生活充满快乐、和睦、温馨。这样，几年或十几年的婚姻生活之后，他们就完全地合为一体了。

每一次分享快乐，就能增进曾经一连串分享带来的愉悦，而且这种分享是有无限潜力的。生理上和心理上的快乐彼此回应，相互加强。这样的夫妻会越来越离不开对方。若没有这样和谐的性关系，一段婚姻就不可能幸福。

自我为中心和自私的幼稚心理通常最容易让婚姻变得一团糟。唯一能够拥有真爱的人，是愿意牺牲自己的切身利益，并把别人的幸福和利益摆在首位的人。当夫妻双方都能做到这一点，他们将没有家庭纷争或性生活问题。

假设夫妻双方都愿意为对方的快乐着想，那么，这样的家庭必然培养出成功的婚姻。

家庭中夫妻之间要培养的另一种品质，也是孩子和父母之间应有的品质——今天，此刻，我们要欢欣鼓舞，共同享受人生。不再争吵打架，因为这样的生活没有任何意义。无论在何种情况下，都毫无理由这样做。

“发脾气”的“价值”

有一个学派的精神病学家认为，“发脾气”是发泄坏情绪的一种好办法。提倡这种观点的人都是些不能控制自己脾气的精神病学家。其实根本没道理。发脾气没有任何好处。

一个人如果经常发脾气，就会养成随时发脾气的习惯。如果丈夫和妻子都随便发脾气，那么，迟早会产生极大的破坏，例如会破坏耐心、爱情和彼此迁就的默契。孩子才会乱发脾气。只有幼稚的成年人才会觉得发脾气很必要。

婚姻应该且能够建立在这样的基本理念上："我们共同生活在一起，能使彼此的生活更快乐；我们任何一个人都没有权利使对方痛苦，片刻也不可以。"如果丈夫和妻子彼此之间保有一点同情、理解和善意，那么，这就会变成很简单、实用，也能让大家都满意的一条定律。

在这样的氛围下，婚姻中的性生活会变成一种美好的体验，越来越使双方不可分离。他们的性关系是彼此配合、和谐、互相理解的，生活的其他方面也一样。

新婚夫妇应该学些关于性的解剖学和生理学。无知是发掘人类无限潜能的唯一阻碍。当我见到年轻夫妻因为性生活很糟糕而婚姻出现裂痕时，我担心他们婚姻的其他方面也孕育着许多问题。有时候，婚姻中性关系最先变糟糕。当然有时候，是因为生活的其他方面变糟糕才导致性关系的恶化。

当婚姻变糟糕的时候，夫妻首先要做的事情是双方都努力以积极、愉快的态度来对待彼此。

本章小结

每个人都有性问题，要控制自己的性冲动，不要越过社会规范。社会强加给人们许多限制和规范，但却没有教人们如何调整自己的心态。

要在性方面成熟起来，让自己心态平和，有三条原则：

1. 如果你还处于青春期，在你的性生活中谨记责任，充分认识到自己行为的可能后果，努力把自己的能量引导到各种各样有趣的活动中去。

2. 如果你是个成年人，和自己的伴侣生活在一起，那么，要知道，性成熟取决于不断发展全面成熟的品质，尤其是同情心、理解、无私、配合精神和彼此爱护。

3. 我们大家都应记住的重要一条是：远离麻烦总比摆脱麻烦要容易得多。

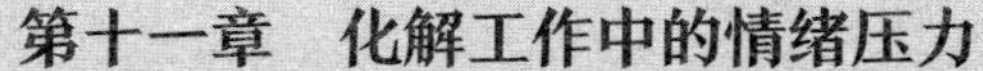

第十一章　化解工作中的情绪压力

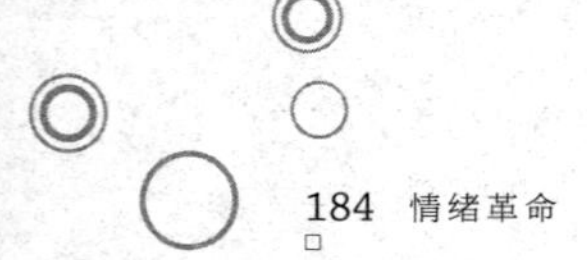

当今商业社会给人类带来的物质财富如此之多，是过去任何文明社会无法比拟的。当然，人类也因此受益匪浅。

但是，商业社会的生产方式也同时给人们带来了许多负面情绪。可想而知，商业社会的生产方式是许多人患上情绪性疾病的主要原因。

当工业体系在英国形成时，血汗工厂里的工人在该体制下备受剥削，最受负面情绪的困扰。然而，今天，不仅仅是普通工人和基层的工薪阶级深受其害，最大受害者当属指挥管理产业的高层或接近高层的管理者。

商业时代前的商人和手工业者，从没有像现在的公司主管、副主席、行销经理、行销人员和流水线工人等那样，备受商业社会造成的各种情绪压力的困扰。竞争日益激烈的商业环境、想升职发财的愿望、流水线的单调工作，一方面推动商业社会的发展，另一方面又给人们造成巨大的情绪压力，带来各种情绪性疾病。

经理们的压力

沃纳在一家公司销售部门工作，艰难地一点点向上爬。这是家老公司，虽然有几样颇具知名度的产品在全国范围内宣传销售，却算不上什么大公司。后来，公司推出的一个新产品轰动了全国，销售额超过了所有人甚至公司头头们的预期。有了第一回，公司董事自然就竭力想开发新产品，想要制造第二回、第三回轰动。

沃纳夜以继日地在公司加班，薪水不高，平日从不为自己或是家人找点乐子，终于在销售部门混了个不错的职位。于是，他就被指派负责新产品的推广，董事会希望新产品的业绩可以超过第一个成功产品。多好的机会啊！沃纳想。确实，这的确会带来很多机会，包括患上各种疾病的机会。不久后，董事会召见了沃纳，当面拿出一个对比性图表，指责他比起其他更成功的部门是如何逊色。董事们还责问销售量为何低于预期，并要求他在预期时间内提交一份进度报告。

随着来自董事会的压力越来越大，沃纳的身体不断感受到新的压力。一次董事会议结束后，他去做了次全身检查，从肺、心脏到胃、胆囊，一次查了个彻底。

他就像一个乐器，董事会的拨弄弹奏，使他不断发出沮丧之音。随着董事会的不断施压，他几乎可以说是成了一部充满哀怨之声的交响乐，中间夹杂了彻底的消化不良之音，主题音律则是晚期胃溃疡的靡靡之音。

我第一次见到他是在火车上。这个可怜的人告诉我他的症状，末尾说道："医生似乎都不明白是怎么回事。"这最后一句话往往表示病人自己不明白是怎么回事。

沃纳工作压力极大，还严重消化不良，但仍得竭尽全力把新产品推销给不情愿的消费者。事实上，董事会指派给他推销的产品已经落后20年了。它微弱的生命正经历缓慢而昂贵的死亡过程。在这个过程中，沃纳在公司的地位下降。整个事件对沃纳的影响就好比是董事会直接把肺结核病菌注射到沃纳身上那样。尽管这样，董事们还觉得已经够仁慈了，而沃纳自己也觉得他们只是在商言商，做好本职而已。

现在，以最成功的一位董事为例——事实上，他同时是22个董事会的成员——在这方面已是个老手了。他努力工

作，这闯闯，那试试，最终有了不错的成就。但成功后意味着要坚持，坚持意味着要与一大批紧跟其后、摇旗呐喊的进取青年竞争，不得不拼一拼老命。同时还要积极奋斗，度过公司重组的危机。在无数失眠的夜里，苦于不能入睡而去散步；好不容易坐上飞机，本可以闭目养神，休息一下，却担心董事选举的事，紧张兮兮地到处联系人，确定选票；最后疲劳导致胃溃疡出血时，他仍拼命想坚持，终于支撑不住昏了过去。的确，他取得了巨大成功——度过了重组的危机——手握巨额股票——不愧是个真正的金融家。但是，他也因此变得神经质，整日焦躁不安——他不仅给自己创造了巨额财富，也给医生们带来大笔收入。

中层管理者的压力

现在，我们再来看看管理层中层的状况。

商业社会中，连锁店经理人的竞争压力是其他任何管理职位都无法比拟的。我就认识很多这样的经理——人很不错，个个都很聪明、坦诚，工作也很拼命。从职员升到经理，他们经历了严格的筛选过程。但是，我注意到，他们每

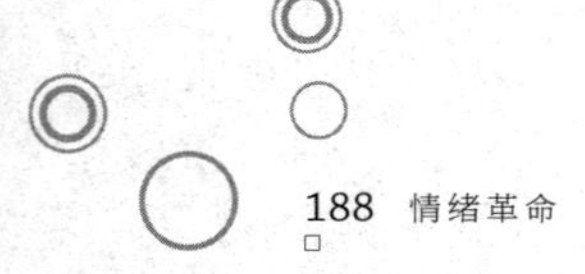

个人，虽然身居要职，却都患有这样那样的功能性疾病。

比尔是我认识的人中爬得最高的，他如今已是10个行销区的总经理。在他还是我们小镇连锁店经理时，我们总共给他做了四次从头到脚的X光检查，那时他已经是大病小病不断了，例如腹痛病、酸胃病、便秘症状和频繁的呕吐症，每次检查都是为了确定病情不恶化。每次升职，在他调到外地前，我们就给他做更进一步的X光检查。最后一次见到他是在芝加哥，坐在他那豪华的办公室里，我发现他仍有呕吐症状，而且一直在大量服用抗酸性药剂。从他脸上时不时地抽搐表情中，我可以看出，他仍饱受腹痛病的折磨。

又例如我认识的乔。乔是黄铜铸造车间的优秀技工，因出色表现而做了27个人的头领。此后，他就一直头痛、颈椎痛和胸口痛。他的上司想要业绩，而他的下属又想忙里偷闲。夹在中间，两头难做，里外不是人。

工人也有压力

下面来看看流水生产线上的工人的状况。亨利因向往工厂的工作而离开了农场。在那里，仅仅是在流水线上把火花

塞放到发动机的工作都让他陶醉不已。后来，公司加快流水线组装速度，于是，亨利也得加快手脚。接着，工程师又在发动机设计上多加了两个汽缸，亨利的工作量又加大了。但他们才不会为亨利着想呢。

亨利的身体每况愈下。无奈请了一次病假，回厂后他被安排去生产压印器的流水线上工作。两年后，他又病倒了。现在他已经回到农场，怎么都想不通自己当初为什么想去工厂工作。

在另一家工厂里，发生了件很有趣的事——在一个车间里，有12个操作员，负责研磨金属片的机器。但那机器老是会发出刺耳的噪音。过去两年里我见过4个来自那个车间的人都得了溃疡。想想，我真不知道有多少人因为得了胃病而辞职了呢！

忧虑和意外事故的关系

常常忧虑的人最易发生意外事故。总是有一大堆的烦恼和忧心事在困扰着你，使你无法专注做事——也许是和妻子的矛盾——也许是巨大的房贷压力——也许是对日常琐事的

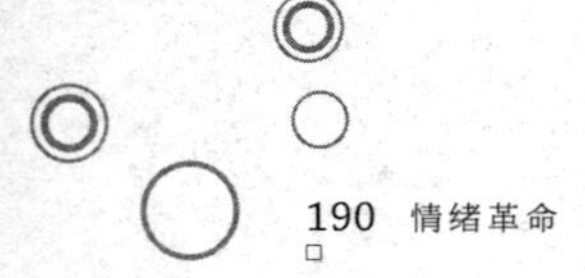

焦虑——于是，意外会频频发生，比如在切东西时失手切到自己，或是不小心让一根尖头竹竿刺伤了手臂。许多意外都发生在经常发生意外的人身上。

各行各业中压力本质是一样的

现代工商业界的各行各业中，都会有巨大的竞争性压力。真正说到压力大，还没有哪一行的竞争压力能真正大过新闻报道行业。一个编辑朋友告诉我，在他的报社里从自己到基层下属，没有一个不抱怨自己身体不好的。他还补充说："除了身体状况不好之外，我们这些人基本上都是不快乐的，因为生活、工作的节奏太快，压力实在太大。"

财富值得我们付出健康的代价吗

当今生产方式得以发展的代价是什么？用健康代价换来的财富究竟何用？当然，最好是同时有健康的身体和富足的生活！然而，不用付出健康代价就可以过上优越的生活，这样的好事到哪找呢？进一步的商业化给人们带来激烈的竞争，几乎

每项工作都会给人无数情绪压力。

竞争激烈的经济环境造成我们这个时代情绪性疾病的蔓延。虽然经济进入迅猛发展时期，但在某种程度上，我们这个经济体系是“幼稚”的——它在很多方面并不成熟。诚然，在一定阶段，它会使人们变得富有竞争力、不断进取、始终斗志昂扬。但在慢慢地走向成熟过程中，这种竞争心逐渐平稳下来，并开始形成合作意识，更愿意与人分享胜利果实，更乐于付出而不是执着于得到。但是，经济上自我毁灭的冲动，阻碍了这种体系朝更成熟的方向发展。

成熟，即意味着一旦因为激烈的竞争而产生自私自利的想法时，理性地调整好心态，做出正确的决定。但在这样不成熟的体系中，一旦我们成熟、理性地为人处事时，结果却是必然失败。任何人遵守这样的理性准则——如友好地与人合作、为人处事先利人后利己、帮助别人脱离困境，几乎不可能在这个经济社会中取得什么成功。

我知道几个所谓经商失败的例子——也就是说，这些人在商场上从没有成功过，几乎无一例外，他们都是我所见过的最善良的人。

诚然，生计问题必须解决

尽管如此，我们还是得生活下去。也许你患了功能性疾病，有理由去抱怨如今的竞争体系太不完善。但不管怎样，你想要生存下去，就得继续忍受，并得适应环境，成为体系的一部分。

那么，这样告诉自己：把它当作一次游戏，当作是人生的乐事来做；不要出于责任，把生活当成任务，完成就了事。要学会苦中作乐，积极快乐地“玩”工作，而不要陷入竞争的旋涡。

这样说，并不是要你不思进取，也不是说你一定不能开豪华轿车，而是说，这样做你就能单纯地享受在野餐中吃花生酱的快乐、大热天吃个西瓜的快乐，即使开着吱吱嘎嘎的老旧的雪佛莱车也能快乐。也许你可能终身都住陋室一间，但是，你却在其中享受到很多，你能健康得一直活到去参加那些把你挤下管理位置的可怜虫的葬礼，并在心里偷着乐一下。

本章小结

正如我们所知，这个国家的商业体系是满足人民需求的最大供给者。但不幸的是它同时也给人们带来了巨大情绪压力。沉重的责任、激烈的竞争和保持成功的欲望都是高层管理者的普遍压力的来源。没命地工作，毫无安全感，都是人走向末路的标签。工资太低，工作太单调，又没有乐趣，种种问题给工人们带来深层压力。

长远来看唯一好的解决办法是商业社会必须逐步使自己人性化，目前一些行业正在朝这个方向努力。

对于束缚在工作中的个人而言，最好的方法就是学会享受工作，享受生活；尽量使自己积极向上；尽量不让工作的烦恼破坏自己的心情。人必须自己来掌控自己的情绪，而不应该让工作来控制情绪。

简而言之，被商业社会压得喘不过气的人要有效地运用从本书中学到的方法，学会调节和掌控情绪。

第十二章　面对死亡，我们仍然可以活得轻松快乐

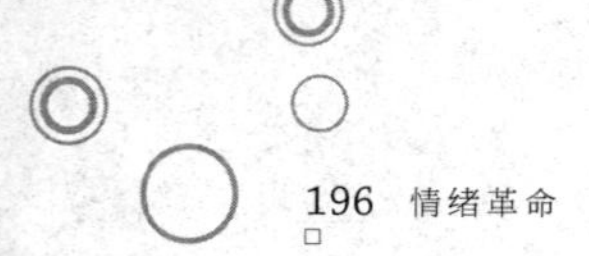

情绪性疾病在各个年龄段的人中都很常见，而且随着人们年龄的增加，发病率会越来越高。照理说，人步入老年以后，正应该是越来越冷静、颐养天年的时候，但事实却非如此。一方面是因为这些迈向老年的人必须面对周围环境的改变，另一方面是对于年华逝去的焦虑。这种焦虑随着年龄的增长就像滚雪球一样，越滚越大，直到生命的终结。

老年人更易患上情绪性疾病

老态龙钟的人更易患上情绪性疾病。这是因为人到老年时大多会变得缺乏安全感（包括对经济状况，对健康状况以及对未来的不确定感），忧虑，失望，气馁等。

从乔治身上，我们可以清楚地看到老年人的情绪是怎样导致疾病产生的，也可以看出正面情绪又是怎样使疾病往相反方向转变的。

K. M. 保曼博士是旧金山一位著名的精神病专家。当他两年前第一次见到乔治的时候，乔治已经卧床不起了六个月。他极度虚弱，连吃饭、上厕所这样的小事都需要别人帮忙。

年轻的时候，乔治是百老汇的一个舞台总监。他工作非常出色，是这一行里首屈一指的人物。他有一个儿子，长大以后，就搬到了西海岸一带居住。乔治48岁的时候，妻子离他而去，剧院的生意也每况愈下。由于这样一些原因，乔治开始酗酒，并因此丢了工作。

到72岁的时候，乔治已经变得穷困潦倒。无奈之下，乔治只好和儿子住在一块。但是对儿子来说，他已经完全变成了一个累赘。他不大爱整洁，与人格格不入。我想，刚开始的时候，乔治的儿子和儿媳妇确实是想让老人高兴起来。不过后来，他们之间的关系，特别是乔治和儿媳妇的关系越来越僵，充满了火药味，双方都觉得无法忍受。于是，乔治就开始生病了，人也越发衰老。没过多久，他就病倒在床。他们请过一两次医生，医生说他得了动脉硬化和老年衰退症。

后来，保曼博士碰巧给他看了一次病。他给乔治做了检

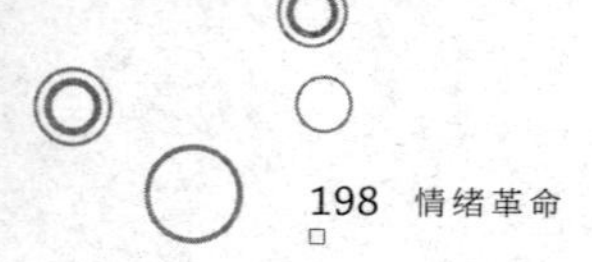

查，而后告诉乔治："市政厅为老年人新建的一个剧院刚好建完，我们需要一个在百老汇干过的舞台总监。我带你到那儿去吧。"

就这样，乔治被搬上了救护车，坐着轮椅来到了舞台上。两星期以后，他从轮椅上站了起来，再过了两星期，乔治就已经像个兔子一样活蹦乱跳了。从那之后，他的身体状况恢复得很快。

从乔治的故事中，我们可以看出，情绪压力会导致人的衰老，所以人人都需要一个"剧院"来抵制"自然衰老"。

如今的衰老意味着什么

千万不要以为现在人们所说的衰老和一百年前的衰老是一个意思。时代在变，导致人们衰老的因素也在变。

经济上得不到保障。你有多么富有？或者说等你到了65岁的时候你能有多富有？随着美元的贬值，养老金额度的下降，税收的增高，有很多人在65岁前就不能自己养活自己了。

工作得不到保障。可能还有一些无耻的人会这样说：

“为什么这些老家伙不去工作呢？”这些人没有意识到，在如今的劳动力市场上，45岁以上的人就已经很难找到一份工作了。

有一个老人，60岁了。他是个技术娴熟的工具制造者。相比年轻人来说，他的事故发生率要低得多，他的旷工次数也会少得多，而他的责任感却强得多，也不会像年轻人那样好斗，引发劳动纠纷。然而，他还是找不到工作，为什么呢？

那是因为，作为一个年轻而又新兴的国家，我们看重的是年轻人，我们看不起（这个词还算是客气的说法）老年人。老年人是那些我们希望最好不再延长寿命的人，是那些尽量不要给年轻一代人带来麻烦的人（不知为什么，年轻人就看不到自己也有到65岁的那一天呢）。

某位有能力的专家发现，人越是年轻，手脚就越是灵活，给公司做出的贡献也就越大。但是，他却没有想过，年长一点儿的人会给公司带来更多人性化的东西；他也不明白，一个公司里人性化的东西远比钱财更有价值。

子女们漠不关心。现在，孩子们对父母没有感情，对父母袖手旁观是很常见的事。老人们对此痛恨异常。他们还记

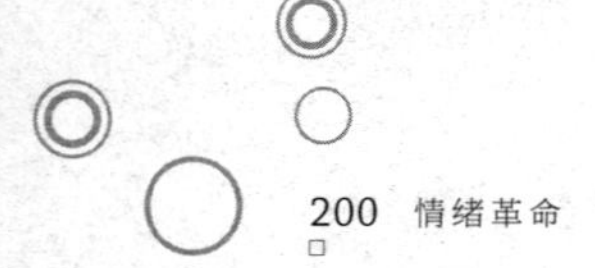

得，同样是这些孩子，当他们还要喂食的时候，当他们需要保护的时候，自己花了多少时间和精力去呵护他们。而他们得到的补偿就是被自己的孩子们扔在一边，好像根本不存在一样。

父母是为了孩子而活的，而孩子们却是怎样对待自己父母的呢？有多少人回报过父母的爱呢？这个世界上有太多伤心的人（换句话说，他们都有着严重的情绪压力），这都是因为他们在自己需要帮助的时候被自己的孩子无情地抛却了。

不只是孩子们会犯错。然而，不只是他们的孩子们错了。我们周围的每个人都认为这些老年人是前进道路上的障碍。他们在街上走路慢，上下公共汽车也慢——对了，连死也死得慢。事实上，这些老年人已经不再为社会所需要。

千万不要以为老年人真的感受不到人们的这些态度，也不要以为这些因素对老年人的身体健康没有影响。这正是我努力想让大家明白的一点。

解决这一问题的方法已经很明显了，那就是不仅孩子要去关心自己家的老人，社会也应该给他们以帮助。

对疾病的恐惧。老年人总是担心自己马上就会完全丧失

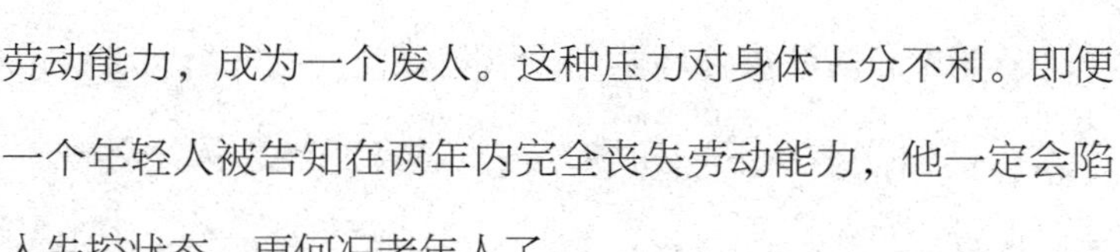

劳动能力，成为一个废人。这种压力对身体十分不利。即便一个年轻人被告知在两年内完全丧失劳动能力，他一定会陷入失控状态，更何况老年人了。

对死亡的恐惧。大多数有生命的东西，除非它活得异常痛苦，都希望能长久地活下去。就像爱尔兰人说的那样：“如果我知道我将在什么地方死去，我肯定会远离那个该死的地方。”

对于年轻人来说，死亡还是件很遥远的事，现在不可能发生，但是对老年人来说，死亡离他们却是比以往任何时候都近。到底会怎么死呢？什么时候会死呢？这样的问题一直困扰在老年人的心头。

失去朋友。对于老年人来说，送别朋友是一件无法逃避的痛苦——那些曾经鼓励他们的朋友，曾经帮助过他们的朋友，还有那些对他们摇头摆尾的小狗，都相继离他们而去。

你有没有试过在黄昏时分独自一个人站在寂静蜿蜒的小径上，你有没有感受到一种可怕的寂寞正将你拖入泥土之中，这样一种深深的寂寞好像在说：“这就是你的全部了，你再没有别的了。”如果你有过这样的感受，那么，你就理解老年人的想法了。

老年人简陋的居住环境。一百年以前，有三分之二的老年人都是居住在乡下。如今，越来越多的老年人居住在城市。由于居住环境的变化，老年人失去了人们的同情、友好和以往生活中的邻居。而且，很多老年人还要为日益增长的房租和上涨的食品操心。

你也会遇到这样的问题

如今，大多数人都会活到65岁，甚至更长一点儿。我的意思是，你也会有老去那一天。所以，你要认真地思考下面的问题：

如果你还是二三十岁的人，对于你的晚年生活你会做些什么呢？现在就是最好的时间，给自己订个计划吧。

如果你正40多岁，或者正迈向50岁的门槛，你已经浪费不起时间了，时间对你来说太宝贵了。

如果你已经60多岁了，你仍然还有时间做很多事——你还能活很长一段时间。

如果你现在都70多岁，甚至更老一点儿，你要学会满足，不是表面上的满足，而是内心真正的知足。

我们将在晚年的时候做些什么

我们可以做这些事：

不论你是20岁，还是60岁，越早为自己制定一个65岁以后的成熟计划，到了晚年的时候，你就会过得越快乐。

晚年的成熟，从根本上说和任何年龄阶段的成熟都是一样的——这意味着一个人活着的时候，他能享受眼前的一切。他会培养出友善仁慈、体贴关怀的个性。他也能学会妥协，学会站在他人的立场上来看问题，而不是去反对别人或是挑起纷争。

晚年的成熟实际上意味着什么

如果你是年轻人，现在就开始保持稳定的情绪。

一个说话尖酸刻薄，对人对事专横霸道的老妇人，如果在她20岁的时候这种特征还不明显，那么，等到她40岁的时候也会暴露无遗。除非对这些特征进行有意识的思想控制，要不然，晚年的情绪状态就会受到年轻时期个性的影响。

因此，不管你是20岁，还是60岁，你都要学会友善，学

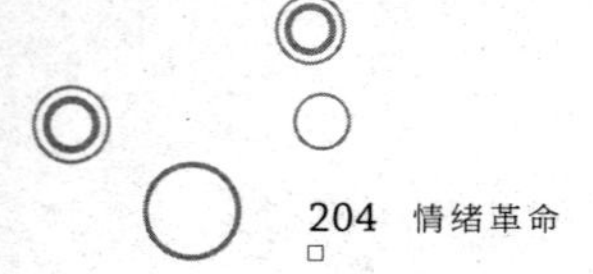

习去爱别人，学会乐观，学会用眼睛去发现周围的快乐。这对于我们来说并不费事。

纵观我们一生，我们都有这样的选择权——不管我们是20岁、40岁、60岁，或是80岁——镇定、顺从、充满信心和决心、乐观地面对生活，还是吹毛求疵、爱抱怨、担忧、焦虑地对待生活。

选择权就在你手里——现在就开始做决定吧！

为将来的经济状况做打算。定期地存钱能够增加退休后的收入。如果有必要的话，还可以缩减现在的生活开支。

为今后居住的地方做打算。当你步入老年的时候，你是不是有房子住？或者你付不付得起房租？

培养广泛的兴趣爱好。培养出一些业余爱好，比如园艺、耕作，或者其他一些可以让你在退休之后发挥余热的爱好。

如果你已经进入了晚年时期：

对那些不可避免会发生的事要做到顺其自然，大方地接受命运带来的任何东西。

不管什么时候，如果老朋友离你而去了，设法去找一个新朋友。生活是空洞乏味的，还是丰富多彩的，完全在于你自己怎么做。

思想要灵活，要随机应变，避免偏见，不要因为别人年轻你就去嫉妒他们。

穿着要整洁干净。即使衣服上有破损的地方也要将其仔细地缝补好。保持良好的礼貌态度。

不要游手好闲。要像追求你的事业一样去培养一些兴趣爱好。

最重要的是，保持个性的乐观和开朗。用微笑和友好的话语问候别人。除非别人听不见你说话，你自己也听不见自己说话，要不然就不要抱怨。

永远也不要告诉自己你有多累。告诉自己你正在做的事正是你想做的。

不要担心死亡。每一个人都会有那一天。

本章小结

那些60多岁、70多岁，甚至更老一点儿的人不仅没能享受这一段黄金时光，反而遇到了很多会产生情绪压力的问题。比如，经济上得不到保障，工作得不到保障，孩子们对自己漠不关心，对疾病的恐惧，对死亡的恐惧，失去朋友，简陋的居住条件，还有社会对老年人广泛的冷漠态度。

如果你还年轻，那就要从现在开始，为晚年时期的经济做打算，为今后住的地方做打算，并且培养出一些新的兴趣爱好。

如果你已经进入了晚年时期，那么，你就要学会发自内心的满足——即使从表面上看来，没有什么值得满足的。对于不可避免会发生的事，你要学会顺其自然。如果老朋友离你而去了，就去找一个新朋友。思想要灵活，要学会适应新的东西。不要批评年轻人。穿戴要整齐。保持乐观的个性，并用微笑来问候周围的人。如果需要，就坐下来休息一会儿，但是，别告诉自己你有多累。至于死亡——这难道不是每个人都要面对的吗？

第十三章　正面情绪的基石——人类的六大基本需求

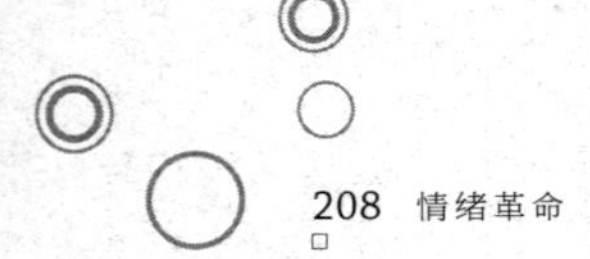

一些得了情绪性疾病的人，根本没有意识到情绪会是他们生病的主要原因。这些人常常受多种多样的负面情绪困扰，因为他们基本的心理需求未得到满足。

人类有六种基本需求——六种心理渴求——内心深深渴望拥有的事物。若有一种渴求没有得到满足，内心深处就会滋生不安，需求得不到满足使得生活充满了失望。

这样的人也许会很好地适应环境，在人前装得很开心的样子。但是，在他内心深处，有着噬人的渴望，因为一个或多个需求得不到满足让他内心极度空虚痛苦。

爱的需求

每个人（即使是那些看起来憎恨别人的人）都渴望爱、需要爱——他希望得到别人的爱和他人的最大关注。爱会使

我们感到受重视和存在的价值，使我们感到在大千世界、芸芸众生中有自己的位置。

这一需求的及时满足能给我们带来温暖、充实和美好，否则生命将继续枯燥乏味。如果没有来自他人的爱，没有来自另一个人的关怀，人的内心就会有个巨大的空洞，充满了忧伤和孤独，最后人会产生厌世情绪。这些不健康的情绪将一直伴随你，日日夜夜，破坏你生命画板上的所有美景。

爱的缺乏通常都始于童年

许多不幸的人童年开始就感受到没有爱的痛苦，因为他们运气不够好，出生在没有爱的家庭。父母总是彼此挑起一场又一场的冷战，有时候战况变得异常激烈，彼此怒目相向，甚至还会砸一两个盘子作为收尾。他们彼此发泄不了的怒气，就继续在孩子身上发泄。

孩子呢，则是边模仿边学习，以为不停的口角、争吵、恶言恶语和仇恨就是家庭的常态，于是，兄弟姐妹相互之间也大战几个回合。每个人都觉得自己被追得无路可退了，被剥夺了权利，感到孤独无助且躁动不安，并随时备战。这些人终其一生都无法体会有一种东西叫“爱”，也永远不知道世上有人懂得爱。但是，对爱的心理需求是当下存在的，他们将永生渴求，狂躁不安地嘶声呐喊地渴求爱。他们是不会快乐的。

奇怪而可悲的是，他们并没有意识到这一点，当然，也不知道爱的匮乏是他们焦躁不安的最根本因素。

这样的现象并不稀奇。即使是在一些貌似幸福的家庭，我们也能见到它产生的不良后果（即功能性疾病和生活不幸福）。

弗娜是个美丽的女孩，母亲在她还是婴儿时就去世了。父亲一直以来对她的关爱微乎其微，甚至还把她送到了孤儿院里。在那里，弗娜所经历的，更多是虐待和心理折磨，而不是爱。到了15岁的时候，她遇见了尤金，独生子，家庭富裕，但他的母亲自私自利，一直对他保护过度。

尤金着迷于弗娜性感的气质而非其他，于是，人生第一次（也是唯一一次）他做了件违背母亲心意的事——与弗娜私奔了。弗娜在孤儿院时就没有得到任何爱，在成为尤金的妻子后，更没有感受到一丁点爱。尤金为人太自私，以自我为中心，又太依赖母亲，以至于根本没有爱妻子的能力。尤金母亲住的地方离他们只有几个街区，她恨弗娜取代了自己

在儿子心中的地位，绞尽脑汁地想要控制尤金，并挑拨两人的关系。

时间一年年过去。孩子出生了，这位祖母又在孩子身上下工夫，让他们讨厌自己的母亲。她成功地做到了，弗娜16岁的女儿经常挂在嘴边的一句话就是“我恨你！”

对弗娜来说，爱的匮乏还不是她内心唯一得不到满足的需求，还有一些其他的因素，比如，绝望的空洞深渊。弗娜患了多年的功能性疾病，最后逐步恶化，病入膏肓到完全无行为能力。当医生向极其困惑的丈夫和婆婆解释病因时，他们表面上装出了一副关心的模样。但是，弗娜知道这都是假装的。唯一能解决问题的方法就是弗娜离开这个家，自己重新生活。

有个女孩情况比弗娜还要糟糕。她生长在充满爱的家庭氛围中，但结婚后发现自己嫁了一个像一块冰冷的木头般、根本没有能力去爱别人的男人。这些丈夫（这样的人很多）忘记了自己的妻子也是有感情、有需要的普通人。

这些人除了满足自己的感情和需要之外，根本不去费心思了解别人的感情和需要。他们在某方面永远长不大，心智不成熟。即便是他们有能力去爱，也不去爱自己的妻子。其实，木头人表现出对妻子的爱是很容易的，且每天有多种多样的小方法可用。一个拥抱、轻轻一吻、一句幽默、对其外表的一声赞美，或对晚餐的赞赏，都会让妻子干旱的心灵盛开出美丽的花朵。

最后，他不得不为他所引起的功能性疾病支付高额医药单——当然，这些也是对这个大傻瓜有好处的。尽管这样，他还是责备妻子，责备她生病浪费钱，却不知这病因就是他那不成熟的愚蠢行为。这样的男人，是已婚女性得功能性疾病的最大原因。

性爱的重要性

我们所谓的爱，即爱情，是个复杂的东西。它由多种元素组成，其中一部分就是对性爱的需要。在任何婚姻里，夫妻感情与性爱是紧密联系在一起的。如果夫妻性爱不契合，没有激情，彼此不能满足，那么，婚姻将很难契合、美满而有激情。

如果，因为种种原因，婚姻中从来没有性爱，或者随时间流逝，夫妻对性爱的热情消退了，那么，夫妇中至少有一人会变得焦躁不安，感到不满足，爱发牢骚、易怒，且怨天尤人。这种情况导致的功能性疾病很难治愈，因为病人往往不愿吐露心声，因此也就无法治愈。有时候这种病无论如何都很难治好，且会造成奇怪的病症。

例如，T女士背部下方患有很严重的纤维组织炎，她跑了好多家诊所和医院都没有治好。一般的治疗方式对她都没有效果。

T女士是个职业女性。她和丈夫的工作职位都不错，责任也很重大，因而两人几乎总是工作优先于生活。他们工作完回到家（家务由管家打理），只把家当作吃饭和休闲娱乐的场所。逐渐地，他们的性生活越来越少，兴致也越来越低，一部分原因是T女士总倾向于为了职业反对性爱，另一原因是T先生在秘密情人那里已经得到了满足。

起初，性生活的缺乏，T女士还是很开心的。后来，她得了纤维组织炎，虽然表面上看与她缺乏性生活无关。但是，随着自己也投入了情人的怀抱，并且人生中第一次感受到性爱带来的满足感。她的纤维组织炎就神奇地不治而愈了。

由于自己的职业，也出于对丈夫的深深愧疚感，T女士有时会试图克制自己不去找情人。但是，每次这样一次小插曲之后，纤维组织炎又会复发，只有当再次偷情后病症才会消失。

很多其他的案例都表明，婚姻中性爱的不和谐是造成一

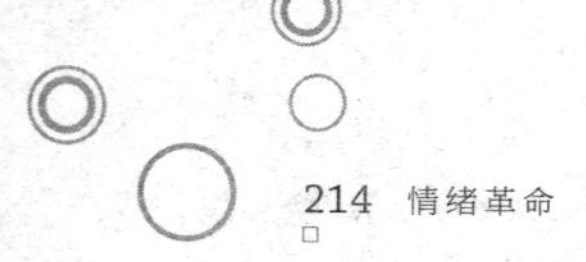

方或双方功能性疾病的主要原因。

老人也需要爱

因爱的需求得不到满足而饱受痛苦的一群人是老年人，当他们深爱的、也深爱他们的另一半被无情的死神带走后，他们不得不独自一人继续走很长的路。一个老人失去了深爱他的妻子——也是唯一爱他的人，于是儿媳妇开始照顾他，儿媳妇总是公开地表示或隐隐地暗示，他是一个“我们不得不去忍受、去照顾”的人。所以，老人最后的一段人生就在刻薄妇人的嫌恶中度过，其子女也助纣为虐，老人的儿子则是无动于衷的态度，默许了妻子的这种行为。许多老年人身上表现出来的病症，表面上看，似乎是老年阶段的典型性衰退疾病，事实上却是功能性疾病，是日日夜夜的孤独、绝望和悲伤情绪造成的后果。

对安全感的渴求

弗洛伊德说过，人最需要的是被爱。阿德勒则说人最需要的是使自己有价值。而荣格和卡尔·古斯塔夫则说人最需要的是安全感。所有这些都是有理有据的。人是复杂的，需要的东西很多。

生活要有安全感，我们必须有足够的金钱来购买你当前和未来人生所需要的生活必需品；自身的权利受到政府公正的保护，不受敌人和暴政的威胁；确定人生中不会有重大疾病或毁灭性的灾难；身边总有人能帮助你度过困境。

因为不可能有百分百的安全，许多自寻烦恼的人总会为那百分之几的不安全因素感到焦虑，使生活失去平和。他们为可能患上癌症而忧虑，简直比活在地狱里还要痛苦。他们坚决认为，各种各样的灾难总是近在眼前。

当然，这样的人永远不懂什么才是真正的安全感。因为时刻缺乏安全感，他们生活在痛苦当中，精神上、身体上都饱受折磨。他们大都患有严重的功能性疾病。这些人的问题在于他们总是不停地在担心。

总是感觉不安全的人常常掩饰这种感觉，甚至还会自欺欺人。但是，他总会不自觉地流露出他内心的不安——至少他的肢体语言是这样告诉我们的。

一个经理也许会对其职位缺乏安全感，因为能干的青年总是不断出现，直追上来。人也许会对生活本身缺乏安全感——战争中的男孩和纳粹军队中的犹太人，都对生活环境缺乏安全感。一个女人在丈夫提出要离婚时会感到缺乏安全感。一个男孩在学校里受大个子威胁时会感到不安全。任何人在困境中都会缺乏安全感。

我们生活环境的多变，造成越来越多的人对生活缺乏安全感。尽管我们努力把这种感觉抛诸脑后，但这些不安全感还是会引发一些单调乏味的不愉快情绪，从而导致功能性疾病。

进入老年后，人们面对的一个普遍问题就是不安全感。他们害怕疾病，尤其是致残性的疾病。很多人还担心经济上不安全。面对死亡会带来的后果，许多人也感到不安全。因为一旦老年人失去爱的人，从而失去平日生活的依靠、失去扶持的时候，必然会感到不安全。

因而，对老年人来说，除了爱的匮乏，还加上了缺乏安全感，本应温和舒适的老年生活，一下子变得残酷可怕。当比赛接近终点，选手快要跑到终点的时候，一路上应该有观众的欢呼喝彩，但相反，一路上却是麻木不仁的人的嘲笑和福利部门的盘问。

许多家庭无法给家人安全感是因为丈夫的无能——也许

因为酗酒、懒惰，也许是由于运气不好，无法发挥才能，但这些借口只能减轻情绪压力，而无法从根本上解决问题。即将失去家庭、财产和名望更让人头疼，会造成肠胃系统的混乱和一系列其他的功能性疾病。

表现创造能力的需求

正在堆积木的小孩、正在缝窗帘的主妇、正在规划新公司的金融家、正在写诗的女孩、正在建造房屋的木匠——都感受到巨大的满足，满足于自己用粗糙的材料创造的新事物。

任何人，如果不能在闲暇或工作时表现得有建设性的话，就不能够拥有真正的幸福。我们每个人都想跟上世界的步伐，并且感觉自己是万千世界的一部分，这是很自然的事。这种表现自我创造力的愿望如果不付诸行动，就会转变成越来越令人不快的、扰人的不安情绪。但是，一旦这种愿望付诸行动，就会带来巨大满足，以及行动和创造的内心喜悦。

创造性的行为不应受到阻碍。一旦有强烈创造欲的人受到阻挠，他会有巨大的挫败感。例如，有个叫埃塞尔的女孩，我认识她是因为她患上了功能性疾病，生病原因主要是她的创造性被扼杀了，就像一个花骨朵，还没开就被家人折断了。

埃塞尔和罗杰结婚了。他们都是有很好家庭背景的孩子，人品也都不错。从高中到大学，对未来的家庭和家人，埃塞尔一直有着美好的规划。在她和罗杰结婚时，国家的经济状况很糟糕，罗杰的父母就让这对新婚夫妇搬到自己家的一楼居住。后来，他们住进了二楼。埃塞尔的婆婆是个体贴的人，表现得圆滑得体，又对埃塞尔很友好。她小心翼翼地暗示埃塞尔应该怎样做窗帘。埃塞尔本人很感激婆婆的建议并欣然遵从指导。这位婆婆看到埃塞尔欣然接受建议，因此受到了鼓励，提出更多的建议。

当埃塞尔生了孩子后，婆婆更是积极地插手进来。虽然不动声色，但埃塞尔内心深处，开始滋生一种感觉：她事实上变成了罗杰家的一员，没有建立自己的家庭，也没有自己养育孩子。她的梦想化得无影无踪。更糟糕的是，她一旦想要走出这个困境，就不得不表现得极端不礼貌，且会使全家人痛苦。埃塞尔逐渐有了越来越多的挫败感，身体健康也每况愈下。于是，这又变成另一种信息，让这位婆婆觉得自己更需要介入帮助。结果，这位婆婆就成了两个家庭的“母亲”。埃塞尔则是病情加重。

由于罗杰和父母都是聪明人，所以医生能让他们最终明白埃塞尔的困境。他们可以了解到，埃塞尔最需要的是做她一直想要做的自己。她必须有空间来创造自己的家庭和养育自己的孩子。于是，埃塞尔和罗杰搬出来，住到了一起规划好的新家里。那之后埃塞尔就逐步恢复了健康。

有许多人像埃塞尔一样深感烦恼和挫败，因为他们没有能够按照自己的愿望去做或创造想要的东西，这种愿望也许在他们幼年时就已形成了。这些人表面看来或许很快乐，但是，他们内心深处绝不快乐——他们的内在动力因为受到阻挠而变成了躁动的、得不到满足的向往、焦虑和失望，最终，也许连自尊都丧失了。

被认可的需求

每个人的内心都有种需求，希望自己和自己的努力能受到他人的重视——尤其是那些我们为之努力的人的重视。

每个人都需要被某人认可——他的存在是重要的，他所

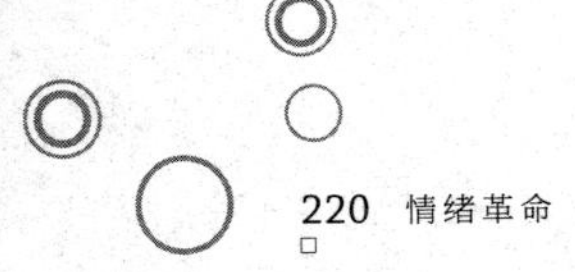

做的是有价值的。

经常发生这样的事：当一个人觉得自己的努力没有受到应有的认可和重视时，就算职位再好，他也会放弃。他感到愤愤不平，因为尽管他做的工作远远超过了职责所需，并表现出色，却没有任何一位上司或是同事认可他的工作。他渴望被认可的内在需要受到严重打击，所以选择离开。

不受感激的家庭主妇

再想想家庭主妇的状况。事实上，家务是最沉闷乏味、耗费时间精力的工作，从这个角度来看，当家庭主妇是最困难的工作。但是，日复一日、年复一年，大多数家庭主妇从来听不到只言片语的认可。她们的存在，洗衣做饭的工作对于丈夫和孩子来说仿佛是天经地义、理所当然的事。餐桌上，饭菜一准备好，大家就自然地埋头吃饭，沉默不语，表情仿佛在说，“吃饭时间终于到了！”每个人都以为房间是自己变干净的，他们掉了的东西会自己恢复原位；干净的衣服是自动跑到衣柜里的；家里本来就是这么舒适的，根本不需要任何人的精心打理。

工作难度大，缺乏认可，又不受感激，大大加大了家务工作的难度，可以说这是世界上最具挑战的工作。丈夫不满意自己在工作上得不到认可，可以辞职了事，而家庭主妇却不能因此不干了。但是，在内心，她越来越强烈地感受到工作不被认可的失望。频繁的家务伴随着极度的疲惫感，其中大部分则直接来源于缺乏认可的心理空洞。她感到极度疲惫，就好比一个人被分派去做一个无活力、无意义的苦差事一样。

遭到忽视的老人

同样在老年人中也有缺乏认可的问题。

一个老人的生活，随着身边朋友的相继去世，原本那些对他工作的认可、对他本人的肯定，也都一下子消逝了。友谊最重要的一个因素是彼此的肯定和认可。一个人若没有朋友，那么，他只能纯粹靠自己的能力来满足被认可的需要，而对于在原来行业中已找不到工作的老年人来说，这个途径已不再可行了。周围的人总认为人老了就等于是没了能力，于是总会因为他们老了而觉得他们不再值得尊敬。尤其这个老年人又很穷时，他就更被视为社会的包袱。如果他很富，就又成了一个可刮一笔的对象。不但不给予肯定，反而把老人当作废物——一个已经消耗殆尽、随时会消逝的生命。

一个曾经勇敢、充实地活着的人，在年轻时有过一番惠及后代的作为，常常被社会冷漠无情地抛到一边，虽没有真正的明枪明打，但也是一阵精神迫害。认可没有了，赞誉消退了，只剩下一个孤独的老人，不被任何人需要。对认可的竭力渴求带来的负面情绪更是加速了死亡的到来。

爱护但不宠坏儿童

在一个小生命开始之初，认可的重要性一如爱的重要性。聪慧、进步的孩子总是拥有很多的认可和称赞——以至于他可能沉溺于其中而无法让自己的头脑保持清醒，从而无法真正认清自己。也许终此一生，他都自恃过高。

另一方面，迟钝、笨拙的孩子对认可的需求也许被完全忽略了。尽管步履蹒跚，缺陷多多，但他还是努力地想做一些事情来获得别人的肯定。他和我们一样，都渴望被认可。然而，身边的人对此的反应仅仅是觉得他再怎么努力都注定会失败。他觉得自己总是比不上他的兄弟姐妹，唯一得到的关注只是不断的行为管教，很少听到称赞之词，于是，他越来越感觉自己无能。他的自尊心逐渐丧失，也许永远无法再恢复。他的心中满是痛苦和不安，甚至会故意做些坏事来引起另一种重视。他成了注定要失败的人，因为他的努力从来没有得到认可。

对新体验的需求

人一旦被困在一个枯燥单调的日常事务中，就不可能不感染上负面情绪，也必然会患上功能性疾病。任何一种工作，只要做的时间一久，就会在一定程度上变单调。然而，即使是做最单调的工作，只要想到前路虽漫漫，但有新体验在等待，这样的单调也就可以忍受了。正如一位家庭主妇说的那样："如果不是期待着下个月可以到黑山（美国南达科他州的风景区）去旅行，我恐怕就要以声嘶力竭的尖叫来发泄了。"

如果当一天开始时，你不怀希望，也没有一点振奋人心的东西值得去期待，那么，这一天你将心情极糟。即使是到肉市场去逛上一圈也可作为一种鼓舞，更不用说一次轻松的谈话或是遇见一位有趣的朋友。

这里，家庭主妇毫无疑问地又是处于最不幸的境地。每天的日常生活，带给男人们更多的变化，有更多的机会去体验新事物。男人走出家庭，走出小区去工作，认识新的人，与新朋友交谈，甚至他的工作本身也是包含了许多有趣的新内容。对他的妻子来说，这样体验新事物的机会却是没有的。

缺乏新体验的生活能造成严重的功能性疾病，在我接触过的案例中，最好的例证就是S女士。我第一次见到S女士时她才26岁。她和母亲住在一起，因为S女士当时已经卧病在床将近三个月了。每次她想要起床时，就感到晕头转向，因而不得不重新躺下。很明显，她呼吸不正常。记得第一次受邀去给她看病时，我有事缠身，所以，派了一个在我的诊所实习的学生去。

“哦，年轻人，你能确诊我肯定得的是换气过度！”这个小伙子很聪明，应对得很好。到那时为止，已有很多医生诊治过S女士，这些医生诊断结果多种多样，有称是“贫血症”“妇科病”，甚至还说是“心脏病”。因此，除了感到泄气之外，她也很困惑。

S女士从小就资质平平——这也就意味着她的基本需求只能勉强得到满足。第二次世界大战期间她结了婚，并很快生了两个孩子。她丈夫退役后，就找了个开车的工作，负责把分销中心站的面包运到周边的小镇。他总是凌晨两点就去上班，到中午才回来。当时房子很少又贵，但他们还是找到了一栋房子，租金很便宜。房子离最近的小镇有6英里路，废弃多年，土绿色，位于荒无人烟、满是岩石、光秃秃的山顶上。在那样一个凄凉恐怖的环境里，没有邻居做伴，仅有的只是几个破旧的房间，几乎都没什么家具。S女士竭尽全力地想让这个家像样一点，并以积极快乐的心态养育儿女。

由于丈夫需要大量睡眠，而孩子又还小，所以，夫妻俩晚上要出门娱乐一下的时间都没有。此外，出门也不太方便。每天丈夫凌晨早早离开后，S女士独自带着孩子住在如此荒凉的地方，她总不免感到害怕。即使养了条看门狗，也没有带来多少安慰。那些风化的棕色岩石在白天更让整个环境显得荒凉沉闷。

如果丈夫能有一点点关心、理解和同情，那么，他也许能明白这样的境况对妻子来说意味着什么。但他只是整天到处运着他的面包，和其他卡车司机、工人开玩笑，看他自己的世界，做他自己的事情。而S女士根本无法离开那个地方，因为她丈夫得把车开去工作。

当妻子的抱怨越来越多，病情越来越严重时，他反而感到惊讶和不高兴。妻子去娘家待的时间越来越长，他就觉得他合法拥有的家庭被剥夺了。他甚至责怪妻子看病花了那么多医药费。最后，当一个医科学生发现S女士的真正病因时，S先生还觉得医生的解释只是不现实的想象和臆造而已。

后来，当他发现对症的治疗的确收到了成效，妻子慢慢有所改善时，他才开始关注妻子的需求。他们搬了家，在一个美丽的小镇上买了房，有了种着树的院子、友好的邻居，孩子们有了喜欢的玩具，S女士就逐渐恢复到了以前的样子。这些变化虽小，但是，对于S女士却足够了。

正如我说过，S女士是个正常人——她拥有良好的自我恢复能力。完全没有可能体验到新事物（这正是像S女士这样敏感、热爱生活的女孩所需要的），再加上缺乏安全感、没有关爱、恶劣压抑的居住环境，都是她卧床几个月的罪魁祸首。一旦环境改变了，她就会好转了。

满足自尊心的需求

尽管有失望，尽管一个人在生活中会经历各种或大或小的失败，然而大多数人都能够积极地想着好的方面，这样才有勇气继续向前。也许他真的没有什么能力，在其他人看来，缺点远远多过优点，但是，他自己却能找到某一领域来实现他的个人价值——这至少是对不公正批评的反驳。

一个人尽职尽责却被炒了鱿鱼，或者被那些心存善意的人责备了。又或者，因为一场大灾难，一个人失去了他一直为之努力奋斗的一切，他都会随即感到仿佛变得一无所有，感到失败和极度空虚，觉得自己完了。经过一段时间，他的自信——感觉自己最终会有所作为的信念又逐步恢复过来。尽管也许这种信念已有了一点裂痕，有了一点缺口，但他的自尊心又重新建立了。他几乎没有觉察到这些裂痕。

也有人会连最后的一点自尊心也丧失掉。他们认为自己在任何方面都是个失败者，已经没有什么值得尝试或努力的了。他们感到这个世界上没有自己的位子，自己无足轻重，没有存在的价值，没有能力、判断力，也没有未来。过去的人生中除了罪孽和失败也再不剩什么了。这些人所感到的绝望就像个无底洞，没有底线。他们是世界上最悲惨、最病态、最可怜的人。这种自尊心的完全丧失状态我们称之为抑郁症。

我认为有两种类型的人最容易丧失自尊心，患上抑郁症。一种人是自信心和自尊心都极为强烈，但事实上却没有相称的能力。另一种人是年轻时就形成了强烈的自卑情结，从未走出这一境况，最后，在一连串的失败中放弃自我。

抑郁情绪在人生任何阶段都有可能出现，但是，最常见是在中年时期。在那段人生里，当人回顾过去，发现一个显然的事实，即自己现有的成就根本没有达到预期计划和希望的要求，于是，信心缩回去了。这一点不仅仅将增加抑郁情绪，而且，如果再遇上一两次挫折，所剩无几的自尊心就会蒸发消失了。

约翰·迪奥一直是个自信的小伙，很喜欢自吹自擂。他总是批评别人的政治或宗教观点，并要“纠正他”。这个毛病使他在任何一个办公室里都惹人恼怒，尤其是约翰的顶头上司，因为约翰总是觉得自己的能力远在其上。40岁的时候，约翰·迪奥狂怒地冲出办公室，他辞职了。而且，是他炒了老板的鱿鱼。那时候工作还很容易找，因此他很快就进了一家更大的公司，他以为在那里他的能力将得到认可，也会得到丰厚的回报。

但是他再没有升过职。他的政治观点开始变得尖锐。他开始对每个人都尖酸刻薄。当他56岁的时候，有一天，公司老板冷静地告诉他，他没有必要再待在这个公司了。这时，工作没有第一次那样好找了，在他找到工作之前，他真正警觉到，也许他再也找不到另一份工作了。他的妻子，一直就是个难相处的人，这时更是没日没夜地责备他。

约翰最后被完全击垮了。开始意识到以前对自己的认识真的错了。他曾经自己引以为豪的优点，现在看来是一种虚幻。他梦想实现的目标，早已不见踪影。他将来唯一能依靠的只剩下福利部门了。约翰陷入了严重的抑郁状态，并被送进了福利院，由国家出钱供养。

在这个问题上，有很多种不同的境遇。有时候一个人的失败是毋庸置疑的，但有时候失败并不是像失败者想象的那样严重。

不管在哪种情况下，关键是自己没有足够的自信重新站起来，继续努力。不能总是处于一种自我打击的状态中。

比起其他任何一种基本需求，丧失第六种心理需求会导致更明显、更直接的后果。其他五种需求得不到满足会导致茫然的焦虑和不安的慌乱情绪，但丧失自尊心则会造成严重的抑郁症。

如果能认识到问题之所在，控制自己的情绪，彻底的失

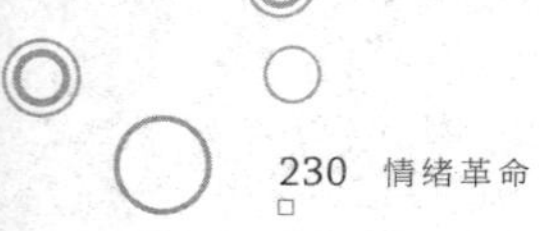

败感会渐渐地消失，经过几个月或几年后，一个人总能再次恢复自尊自信，重新成为于国于家有用的人。

怎样满足你的基本需求

好好想想，看看你的生活中这六种心理需求有没有得到满足。问问自己：在我的世界里，我：____________

1. 是被别人爱着，还是孤身一人，不被需要；

2. 生活有安全感，还是整日在担心工作、财务、社会地位和法律地位问题；

3. 在我的工作、业余爱好中，是充分展示了自己的创造才能，还是只是庸庸碌碌；

4. 有无获得同伴、朋友的认可和肯定；

5. 总是在期待新生活、新体验，还是只是个老顽固，终日禁锢在老一套事物中；

6. 拥有自尊自信，还是自我评价在不断下降？

你完全可以直率、坦诚、客观地回答这些问题——这是你给自己的答案：

1. 如果你的处境类似于弗娜，世界上没有一个人真正在乎你，最好的补救办法是爱你身边的人，你希望别人怎样对你，就先这样去对待他人。要记住，成熟的一个要点，就是要抱有付出而不是得到的态度。爱身边的人，多行善事，尤其对那些意想不到的人，这是种巨大的满足感。

2. 如果你缺乏的是安全感，果断决定你要怎么来对付这种状况，并马上停止反复思量。如果你没有办法增加自己的安全感，那么，即使担心焦虑也无用，本来情况就够糟糕的了。

3. 如果你缺少的是表现创造能力的机会，如果你觉得自己没有做成什么事，也没有创造什么新东西，感到自己就像一台机器，做仆役似的工作时，投入到紧张的工作中去，别再让这种感觉侵蚀你的灵魂。尝试一些你一直渴望去做的事情，独立地努力完成它，或者去参加最近的职业培训学校或成人教育中心，选修一门可以发挥创造力的学科。你也许会感觉到像重生一样。

4. 如果你渴望的是认可和重视，别再停留于渴望，要知道自己为别人所做的已经做到最好了，要这样慰藉自己。同时要给予别人重视和认可。

女士，如果你丈夫读到这本书，这个呆瓜也许明天就会给你一点称赞认可之词：“亲爱的，今天的晚餐太棒了！”这种感觉一定很好，对不对？但是，即使你没有得到他的认可，你可以告诉他：“佛瑞德，你今天看起来好极了。我嫁了个英俊的丈夫。”他一定会喜欢你这样说，而你对他的认可对你自己也同样有帮助。也许有一天他就会投桃报李了。

5. 如果你整天做苦工，困在一大堆琐碎沉闷的日常事务中，那么就用各种方法，摆脱这一切，去找点乐子，体验一下新事物吧。你应该总是期待并计划好新生活。买些新东西，做些振奋人心的事，参加些有趣的活动，到没去过的地方去走走。现在，马上就行动，开始你的新体验吧！

6. 如果你最近自尊心受挫，谦卑地平静一下自己的心情。不要勉强去做得太多，也不要自恃太高，就做个普通人。世上普通人很多——是所有种类的人中最多的。林肯总统也是个谦恭的平凡人，一如你我。因此，笑面人生吧！控制你的情绪，用镇定、勇气、决心和快乐来代替那些失败、失望、无用的压力情绪。我们都是很优秀的！上帝保佑！！